Schubwiderstand und Verbund in Eisenbetonbalken

auf Grund von Versuch und Erfahrung.

Von

Dr.-Ing. **R. Saliger.**

ord. Professor der k. k. Technischen Hochschule
in Wien.

Mit 25 Tabellen und 139 Abbildungen.

Springer-Verlag Berlin Heidelberg GmbH
1913

ISBN 978-3-662-23089-3   ISBN 978-3-662-25057-0 (eBook)
DOI 10.1007/978-3-662-25057-0

Vorwort.

In der vorliegenden Schrift ist das Ergebnis von Forschungen und Studien festgehalten, die ich der Frage des Schubwiderstandes und Verbundes in Eisenbetonbalken gewidmet habe.

Als Grundlage der Arbeit dienen Versuche, die ich an systematischen Reihen von Probekörpern im Jahre 1912 durchführte. In der großen Anzahl der bisher geleisteten Arbeiten fehlt eine geschlossene Versuchsreihe, aus welcher der Einfluß der verschiedenen Dicke der Längsstäbe und der jeweils vorhandene Einfluß der Querbewehrung auf die Tragfähigkeit zu klarem Ausdruck gelangt. Diese Ergänzung soll durch die vorliegende Arbeit erfolgen.

Die Versuche wurden durch die kostenlose Lieferung von Material und Arbeit seitens einiger Wiener Firmen möglich, wofür ihnen auch an dieser Stelle Dank gesagt wird. Schalung, Betonierung, Zu- und Abfuhr des Materials und der Probekörper besorgte die Firma Fritz Mögle, deren Ingenieur Herr Ig. Olexincer alle Arbeiten eifrig förderte, insbesondere die Erweiterung des Versuchsprogramms um die Balkenreihe 15—20. Den erforderlichen Portlandzement (Herkunft Beoczim) lieferte Herr Arthur Bittner, das Eisen (Herkunft Freistadt i. Schl.) die Wiener Eisenhandels-A.-G., Sand und Kies die Donaubaggerungs-A.-G., die Einspannvorrichtung für die Hakenversuche die Eisengroßhandlung M. Waldmann & Bruder.

Die Ausführung der Versuche erfolgte an der Technischen Hochschule im mech.-techn. Laboratorium, dessen Vorstand Herr Prof. B. Kirsch meine Arbeiten persönlich und durch seinen Konstrukteur Herrn Ing. Karrer sowie durch seine Assistenten förderte. Bei der Versuchsausführung und bei der Bearbeitung der Ergebnisse unterstützten mich ferner meine Assistenten, die Herren Dr.-Ing. v. Posch und Ing. Haspel, sowie der Studierende Saliger.

Das Gelingen der Absicht, auf Grund neuen Tatsachenmaterials Lücken der Erkenntnis zu füllen, erforderte entsprechende Einordnung meiner Versuche in bereits ausgeführte Arbeiten und Würdigung ihrer feststehenden Ergebnisse; daher ist auch vorhandenem Versuchsmaterial, soweit für die betrachtete Frage von Belang, und der bei Bauausführungen geschöpften Erfahrung Beachtung geschenkt. Rein theoretischen Erörterungen ist nur insofern Raum gegeben, als sie die Mittel für die Deutung der Versuche und deren allfällige Verallgemeinerung bieten.

Von den Ergebnissen, welche für die Praxis von Interesse sind, seien hier erwähnt: die Bedeutung der Streckgrenze des Eisens, die Wichtigkeit einer entsprechenden Stärke und Verteilung der schrägen Aufbiegungen, der von der Dicke und Anordnung der Längsstäbe abhängige Nutzen der Bügel und der Querbewehrung überhaupt, die Wirtschaftlichkeit verschiedener Bewehrungen, die Sicherheit des Verbundes und schließlich gewisse Vereinfachungen in der Berechnung von Eisenbetonträgern durch Bauregeln über die Schrägeisen und die Dicke der Längseisen. Diese letzteren erwähne ich deshalb, weil vermehrte Sorgfalt in der konstrutiven Durchbildung und sinngemäße Beschränkung der Rechnung, deren Wert zuweilen wesentlich überschätzt wird, gemeinsame Forderungen der Wissenschaft und der guten Praxis sind.

Wien, im Januar 1913.

R. Saliger.

Inhalt.

1. Zweck und Umfang der Versuche.

Die vom Verfasser durchgeführten Versuche bezweckten innerhalb des Rahmens, der durch die zur Verfügung gestandenen materiellen und technischen Mittel gegeben war, die Beantwortung folgender Einzelfragen:

1. Welchen Einfluß hat die Dicke der eingelegten Eisenstäbe (bei gleichem Gesamtquerschnitt) auf die Tragfähigkeit von Eisenbetonbalken?

2. Kann durch Schrägeisen (aufgebogene Längseisen) allein ausreichender Schubwiderstand erzielt werden?

3. Welche Rolle spielen die Bügel bei mangelnder Schrägbewehrung und welche bei Vorhandensein einer hinsichtlich der Schubkräfte ausreichenden Schrägbewehrung?

4. Welchen Einfluß besitzt eine besondere, d. h. über das im Bauwesen übliche Maß hinausgehende, Verankerung der Eisenenden?

Im Zusammenhang mit diesen Untersuchungen waren Aufschlüsse zu erwarten über die Bedeutung der Streckgrenze des Eisens, über die wirtschaftlich günstigste Bewehrung u. dgl.

Außer den erforderlichen Probekörpern zur Feststellung der Materialeigenschaften wurden 40 Versuchsbalken in solcher Größe hergestellt, daß deren Belastung bis zum Bruch in der zur Verfügung stehenden Maschine möglich war. Die Längsbewehrung bestand aus Rundeisen mit Haken von 32, 26, 20 und 16 mm Dicke; teils war eine Querbewehrung nicht angeordnet, teils waren Bügel, Umschnürungen und Splinte vorgesehen.

Zur Erforschung des Widerstandes einbetonierter Eisenstäbe gegen das Herausziehen gelangten außer den zugehörigen Würfelproben 34 prismatische Betonkörper zur Herstellung, sodaß insgesamt untersucht wurden: 40 Hauptversuchsbalken, 11 Kontrollbalken, 30 Kontrollwürfel, 34 Betonprismen und 40 Eisenproben.

2. Beschreibung der Hauptversuchsbalken.

Alle zur Erprobung gelangten Balken besaßen 2,70 m Länge und gleichen Querschnitt von T-Form (Rippenbalken). Die Plattenbreite betrug b = 38, die Plattendicke d = 10, Rippen- oder Stegbreite b_0 = 16, die Gesamthöhe H = 32 cm. An den Köpfen waren die Stege auf 22 cm verbreitert. Die Spannweite wurde mit l = 2,40 m bemessen. Das Verhältnis der Stützweite zur Höhe betrug l : H = 7,5. Die Belastung sollte durch 2 Einzellasten P in den Drittelpunkten der Spannweite erfolgen.

Bewehrung (vgl. Tabelle 1).

Balken Nr. 1 und 2. Längsbewehrung durch 2 Rundeisen von 32 mm; Reihe 1 mit geschlossenen Bügeln und mit Splinten an den Balkenköpfen, Reihe 2 mit gewöhnlichen U-Bügeln und mit Querbewehrung der Platte in den äußeren Balkendritteln (Abb. 1 und 2).

Balken Nr. 3 bis 8. Längsbewehrung durch 3 Rundeisen von 26 mm, davon 2 Eisen mit sanften Abrundungen schräg unter 45° aufgebogen. Reihe 3 besitzt keine weitere Bewehrung, bei Reihe 4 ist der Beton an den Hakenenden mit geschlossenen Bügeln bewehrt, außerdem sind an den Abrundungen Eisensplinte eingelegt. Reihe 5

Tabelle 1.
Bewehrung der Hauptversuchsbalken.

Balken Nr.	Längseisen insgesamt	Längseisen bis Kopf	Schrägeisen	Bügel	Kopfumschnürung	Splinte	Quereisen im Flansch
1	$2 \cdot \Phi\, 32$	$2 \cdot \Phi\, 32$	—	—	$10 \cdot \Phi\, 12$	$4 \cdot \Phi\, 20$	—
2	,,	,,	—	$40 \cdot \Phi\, 8$	—	$4 \cdot \Phi\, 20$	$18 \cdot \Phi\, 8$
3	$3 \cdot \Phi\, 26$	$2 \cdot \Phi\, 26$	$2 \cdot \Phi\, 26$	—	—	—	—
4	,,	,,	,,	—	$10 \cdot \Phi\, 8$	$14 \cdot \Phi\, 20$	—
5	,,	,,	,,	$26 \cdot \Phi\, 8$	—	—	—
6	,,	,,	,,	,,	—	$14 \cdot \Phi\, 20$	$18 \cdot \Phi\, 8$
7	,,	$3 \cdot \Phi\, 26$	,,	—	—	—	—
8	,,	,,	,,	$26 \cdot \Phi\, 8$	—	—	—
9	$5 \cdot \Phi\, 20$	$3 \cdot \Phi\, 20$	$4 \cdot \Phi\, 20$	—	—	—	—
10	,,	,,	,,	—	$10 \cdot \Phi\, 8$	$14 \cdot \Phi\, 20$	—
11	,,	,,	,,	$26 \cdot \Phi\, 8$	—	—	—
12	,,	,,	,,	,,	—	$14 \cdot \Phi\, 20$	$18 \cdot \Phi\, 8$
13	,,	$5 \cdot \Phi\, 20$	,,	—	—	—	—
14	,,	,,	,,	$26 \cdot \Phi\, 8$	—	—	—
15	$8 \cdot \Phi\, 16$	$4 \cdot \Phi\, 16$	$6 \cdot \Phi\, 16$	—	—	—	—
16	,,	,,	,,	—	$10 \cdot \Phi\, 8$	$14 \cdot \Phi\, 20$	—
17	,,	,,	,,	$26 \cdot \Phi\, 8$	—	—	—
18	,,	,,	,,	,,	—	$14 \cdot \Phi\, 20$	$18 \cdot \Phi\, 8$
19	,,	$8 \cdot \Phi\, 16$	,,	—	—	—	—
20	,,	,,	,,	$26 \cdot \Phi\, 8$	—	—	—

hat in den äußeren Balkendritteln gewöhnliche Bügel, Reihe 6 außerdem Splinte und Querbewehrung in der Platte. Bei Reihe 7 und 8 reichen alle Schrägeisen bis ans Balkenende; Reihe 7 ist ohne, Reihe 8 mit gewöhnlichen Bügeln im äußeren Balkendrittel versehen (Abb. 3—8).

Balken Nr. 9 bis 14. Längsbewehrung durch 5 Rundeisen von 20 mm, davon 4 Eisen unter 45⁰ schräg aufgebogen. Querbewehrung wie bei den Balkenreihen 3—8 (Abb. 9—14).

Balken Nr. 15—20. Längsbewehrung durch 8 Rundeisen von 16 mm, davon 6 Eisen unter 45⁰ schräg aufgebogen, im übrigen wie früher (Abb. 15—20).

Der Querschnitt der Längseisen beträgt 16,08, 15,93, 15,70 und 16,08 qcm, also durchweg nahe an 16 qcm. Alle Längseisen liegen 2,0 cm (im Lichten) vom Zugrand und in den Balken mit mehreren Reihen 2,0 cm (im Lichten) übereinander. Die Abstände sind durch eingelegte Betonplättchen von 2 cm Dicke genau eingehalten. Von jeder Balkenreihe sind zwei gleiche Versuchskörper hergestellt und erprobt, zusammen 40.

Der Querschnitt der Schrägbewehrung beträgt 0,67 bis 0,80 der Längseisen. Da zur Aufnahme der Querkräfte nach der üblichen Rechnung und ohne Inanspruchnahme des Schubwiderstandes des Betons Schrägeisen erforderlich sind, deren Querschnitt 0,7 von jenem der Längseisen beträgt, so reichen alle Schrägbewehrungen nahezu und zum Teil reichlich aus.

Von Eiseneinlagen ohne Haken oder einer sonstigen Bewehrung, welche baumäßigen Anforderungen nicht entspricht, ist abgesehen, da darüber genügende Versuche bereits vorliegen. Mit den geschlossenen Bügeln und Splinten an den Balkenköpfen und Endhaken wird beabsichtigt, das Aufspalten der Köpfe, welches eine Folge der örtlichen Pressungen und der damit einhergehenden Sprengwirkung der Endhaken ist, zu verhindern oder zu verzögern. Die Bügel in den schrägbewehrten Balken sollen dartun, wieweit durch sie die Tragfähigkeit genügend schrägbewehrter Balken beeinflußt wird.

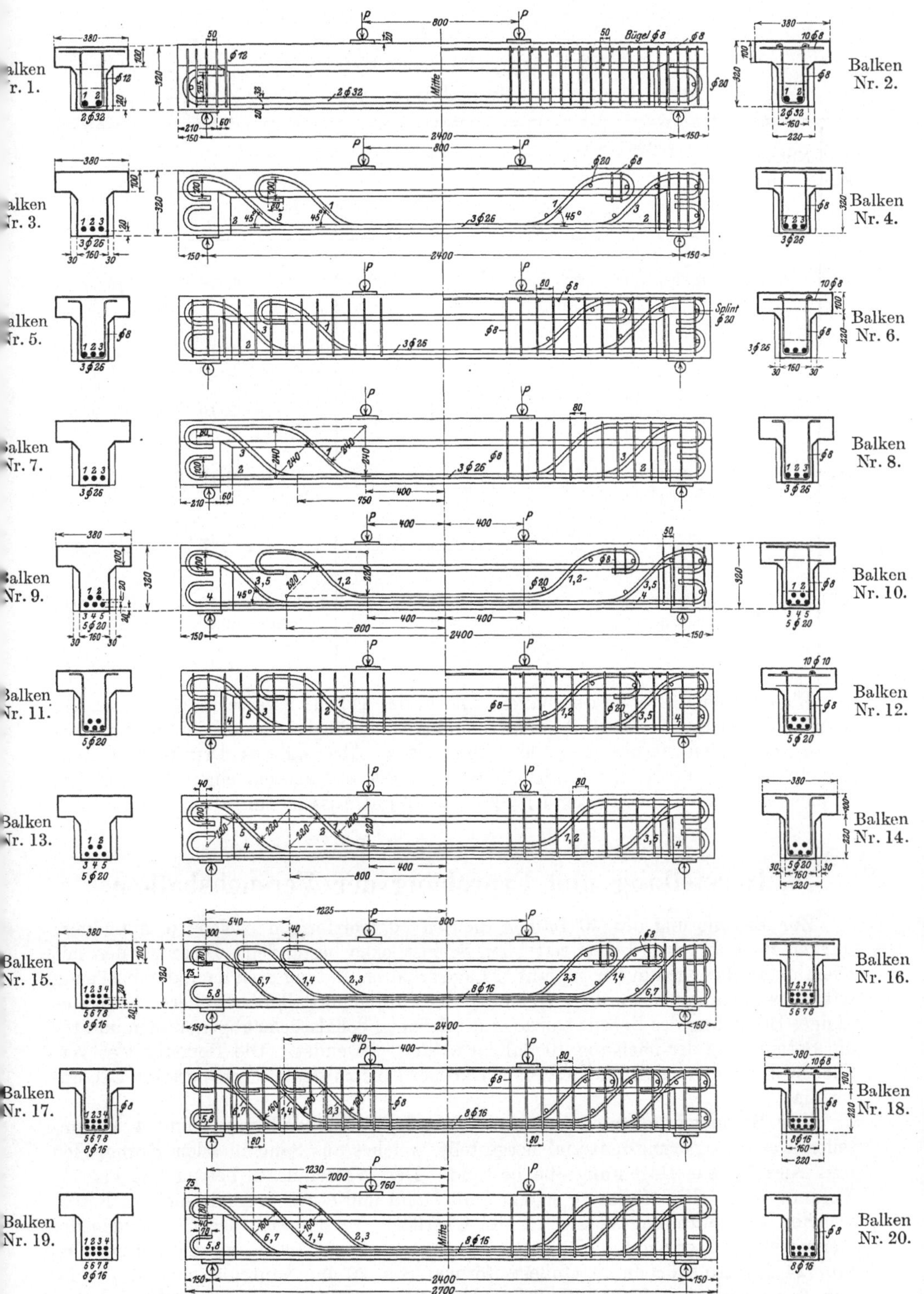

Abb. 1—20. Bewehrungen der Hauptversuchsbalken.

Tabelle 2.

Statische Größen der Balken.

Spannweite $l = 2{,}40$ m.   Stempellast P.   Größtmoment $M = \dfrac{Pl}{3}$.

Bal- ken Nr.	Nutzhöhe h in cm	Längseisen		x in cm	h_0 in cm	Schräg- eisen f_{es}	Bügel f_{eb}
		f_e	$\mu\% = 100\,\dfrac{f_e}{b\,h}$				
1 2	28,4	$2 \cdot \varnothing\,32 =$ 16,08 qcm	1,49	14,1	24,3	—	— $2 \cdot 16 \cdot \varnothing\,8 = 16{,}0$ qcm
3 4 5 6 7 8	28,7	$3 \cdot \varnothing\,26 =$ 15,93 qcm	1,46	14,1	24,6	$2 \cdot \varnothing\,26 =$ 10,7 qcm	— $2 \cdot 10 \cdot \varnothing\,8 = 10{,}0$ qcm $2 \cdot 10 \cdot \varnothing\,8 = 10{,}0$,, $2 \cdot 10 \cdot \varnothing\,8 = 10{,}0$,,
9 10 11 12 13 14	27,4	$5 \cdot \varnothing\,20 =$ 15,70 qcm	1,51	13,6	23,4	$4 \cdot \varnothing\,20 =$ 12,6 qcm	— $2 \cdot 10 \cdot \varnothing\,8 = 10{,}0$ qcm $2 \cdot 10 \cdot \varnothing\,8 = 10{,}0$,, $2 \cdot 10 \cdot \varnothing\,8 = 10{,}0$,,
15 16 17 18 19 20	27,4	$8 \cdot \varnothing\,16 =$ 16,08 qcm	1,55	13,7	23,4	$6 \cdot \varnothing\,16 =$ 12,1 qcm	— $2 \cdot 10 \cdot \varnothing\,8 = 10{,}0$ qcm $2 \cdot 10 \cdot \varnothing\,8 = 10{,}0$,, $2 \cdot 10 \cdot \varnothing\,8 = 10{,}0$,,

Die statischen Größen der Balken sind in der Tabelle 2 verzeichnet. Unter der Nutzhöhe h ist der Abstand des Schwerpunktes der Längseisen von der Plattenoberkante verstanden; ferner $\mu = 100\,f_e : b\,h$, $h^0 =$ Abstand des Druck- und Zugmittelpunktes. f_{es} bedeutet den Querschnitt der Schrägeisen einer Balkenhälfte, f_{eb} jenen der Bügel eines Balkendrittels, $n = 15$ mit Ausschaltung der Betonzugzone.

3. Herstellung und Erprobung der Versuchsbalken.

Zur Betonierung der 40 Balken dienten 10 Holzformen, welche je aus einem starken Bodenbrett und zwei seitlichen Schalstücken bestanden. Diese wurden mit Klemmvorrichtungen in der geplanten Lage erhalten und konnten nach deren Lösung seitlich weggenommen werden. In einem Tag wurden 10 Balken betoniert. Nach eintägiger Erhärtung des Betons wurden die seitlichen Schalstücke abgenommen und für die Betonierung der nächsten 10 Balken wieder verwendet. Die Bodenbretter verblieben unter den erhärtenden Versuchskörpern bis zu deren Transport ins Laboratorium.

Der Beton wurde aus 1 Volumteil Beoczimer Portlandzement und 4 Volumteilen Donaubaggerungsmaterial hergestellt, welches aus Sand in allen Korngrößen und Kies bis zur Haselnußgröße bestand. Der Wasserzusatz betrug $8\frac{1}{2}$ bis $9\frac{1}{2}$ Volumprozent. Die Mischung erfolgte mit Hand und ergab normal feuchten Beton, welcher beim Stampfen Wasser an der Oberfläche zeigte. Mit der Herstellung der Versuchskörper erfolgte gleichzeitig von den gleichen Arbeitern die Betonierung von 24 Kontrollwürfeln in Gußeisenformen von 20 cm Kantenlänge und 12 (davon 9 brauchbaren) Kontrollbalken (Abb. 21) in Holzformen von 2,20 m Länge und 10·12 cm Querschnitt. Die Kontrollbalken wuɪden mit je 4 Rundeisen von 14 mm Dicke bewehrt, welche ohne Betonhülle auf der Schalung auflagen und an den Enden mit Haken im Beton verankert waren. Schließlich gelangten noch 2 größere Kontrollbalken (Abb. 22) von 4,30 m Länge, 20 cm Breite, 25 cm Höhe mit 4 Rundeisen von 24 mm zur Herstellung.

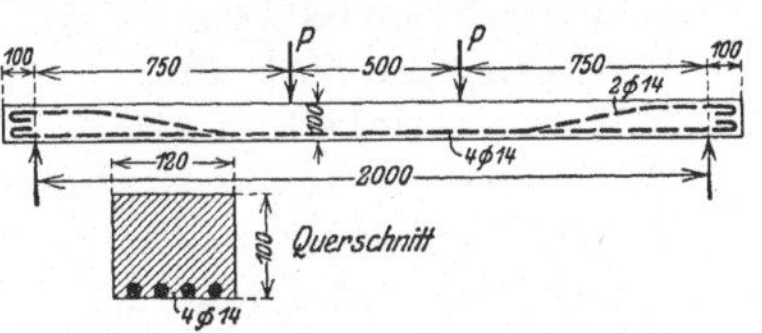

Abb. 21. Ansicht und Querschnitt (vergrößert) der kleinen Kontrollbalken.

Alle diese Arbeiten vollzogen sich auf dem Hofe der Technischen Hochschule im Freien, wo sämtliche genannten Versuchsstücke von ihrer Herstellung am 20. bis 23. Mai 1912 bis zur Erprobung in der zweiten Hälfte Juli 1912 lagerten. In den ersten 14 Tagen wurden sie regelmäßig begossen und gegen die Sonnenbestrahlung geschützt.

Die Versuchsausführung erfolgte in der Amsler-Laffon-Maschine des mechanisch-technischen Laboratoriums der Technischen Hochschule, welche die Ausübung von Einzeldrücken bis 20 t gestattet.

Die Versuchsbalken und die Kontrollkörper waren am Tage der Erprobung 56 bis 60 Tage alt. Um die Beobachtung der Rißbildung zu erleichtern, erhielten sie einen Anstrich mit Schlemmkreide.

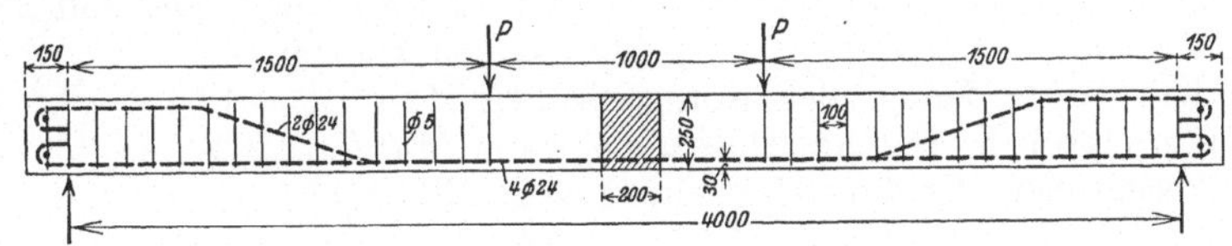

Abb. 22. Ansicht der großen Kontrollbalken. (Querschnitt in der Mitte eingezeichnet.)

Bei den 40 Hauptversuchsbalken wurden beobachtet: die Rißbildung am ganzen Versuchskörper, die Durchbiegungen der Balkenmitte bis 0,01 mm genau, sowie die Höchstlasten. Die Anfangslast betrug 500 kg in jedem Stempel, zusammen 1000 kg (bei einem Balkengewicht von rund 500 kg). Bis zur Stempellast von $P = 1000$ kg wurde so oft be- und entlastet, bis die Durchbiegungen gleich blieben. Die weitere Laststeigerung erfolgte in der Regel in Stufen von 500 kg. Bis $P = 2000$ kg wurden die Durchbiegungen sogleich nach Erreichung der Laststufe, bei den höheren Lasten eine Minute später abgelesen. Die Risse wurden ständig und mit größter Aufmerksamkeit abgesucht. In der Nähe des Bruches fand eine ganz allmähliche Laststeigerung statt. Als Bruchlast ist jene Last aufgefaßt, welche ohne deren Erhöhung die Durchbiegungen vermehrte und schließlich zur Zerstörung führte.

Die Prüfung der Kontrollbalken erfolgte durch allmähliche Laststeigerung bis zum Bruch durch Überwindung der Druckfestigkeit des Betons.

4. Prüfung des Betons und Eisens.

a) Druckfestigkeit des Betons zu den Hauptversuchsbalken.

Zu jeder an Vor- und Nachmittagen betonierten Serie von 4 bis 6 Balken sind je 3 Würfel von 20 cm Kantenlänge, zu einigen auch Kontrollbalken hergestellt.

Balkenreihe 2a b und 3a b, 20. Mai vormittags, sonnig:
Würfelfestigkeit $\sigma_{wd} = \frac{1}{3} (190 + 209 + 234) = 214$ kg/qcm.
Biegedruckfestigkeit $\sigma_{bd} = \frac{1}{3} (215 + 295 + 281) = 264$ kg/qcm.
Verhältnis $\sigma_{bd} : \sigma_{wd} = 1,23$.

Balkenreihe 1ab, 4ab und 5ab, 20. Mai, nachmittags, schattig:
Würfelfestigkeit $\sigma_{wd} = \frac{1}{3}$ (268 + 243 + 235) = 249 kg/qcm.

Balkenreihe 6ab, 7ab und 8ab, 21. Mai, vormittags, sonnig:
Würfelfestigkeit $\sigma_{wd} = \frac{1}{3}$ (221 + 209 + 198) = 209 kg/qcm.

Balkenreihe 9ab und 10ab, 21. Mai, nachmittags, Regen:
Würfelfestigkeit $\sigma_{wd} = \frac{1}{3}$ (207 + 228 + 235) = 223 kg/qcm.

Balkenreihe 11ab, 12ab und 13a, 22. Mai vormittags, trüb.
Würfelfestigkeit $\sigma_{wd} = \frac{1}{3}$ (243 + 253 + 250) = 249 kg/qcm.
Biegedruckfestigkeit $\sigma_{bd} = \frac{1}{3}$ (308 + 334 + 324) = 322 kg/qcm.
Verhältnis $\sigma_{bd} : \sigma_{wd} = 1{,}29$.

Balkenreihe 13b, 14ab und 15ab, 22. Mai nachmittags, trüb:
Würfelfestigkeit $\sigma_{wd} = \frac{1}{3}$ (246 + 263 + 247) = 252 kg/qcm.

Balkenreihe 16ab, 17ab und 18a, 23. Mai vormittags, trüb:
Würfelfestigkeit $\sigma_{wd} = \frac{1}{3}$ (286 + 237 + 288) = 270 kg/qcm.
Biegedruckfestigkeit $\sigma_{bd} = \frac{1}{3}$ (350 + 366 + 366) = 361 kg/qcm.
Verhältnis $\sigma_{bd} : \sigma_{wd} = 1{,}33$.

Mittleres Verhältnis bei den kleinen Kontrollbalken: $\sigma_{bd} : \sigma_{wd} = 1{,}28$.

Balkenreihe 18b, 19ab und 20ab, 23. Mai nachmittags, trüb, später Regen:
Würfelfestigkeit $\sigma_{wd} = \frac{1}{3}$ (300 + 253 + 267) = 273 kg/qcm.
Biegedruckfestigkeit an 2 Kontrollbalken von 4,30 m Länge und 20 · 25 cm
Querschnitt $\sigma'_{bd} = \frac{1}{2} \cdot$ (287 + 280) = 283 kg/qcm.
Verhältnis bei den großen Kontrollbalken $\sigma'_{bd} : \sigma_{wd} = 1{,}04$.
Würfelproben: Größte Abweichung vom Mittel 12,2 %.
Biegeproben: Größte Abweichung vom Mittel 18,5 %.

b) Festigkeit des Eisens.

Meßlänge $\sqrt{80\,F}$.

Die 32 mm dicken Rundeisen, auf 20 mm abgedreht ergaben:
Streckgrenze $\sigma_s = \frac{1}{3} \cdot$ (2450 + 2460 + 2420) = 2440 kg/qcm.
Zugfestigkeit $\frac{1}{3} \cdot$ (3600 + 3630 + 3650) = 3630 kg/qcm.
Bruchdehnung im Mittel 35 %, Einschnürung 66 %.

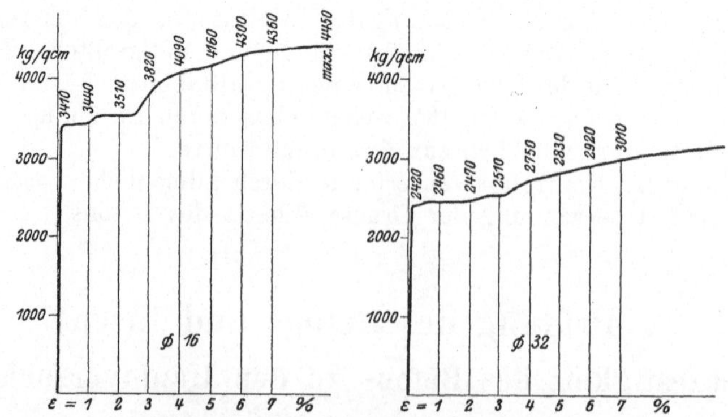

Abb. 23 und 24. Formänderungslinien eines 16 mm starken Längseisens (6. Probestab)
und eines 32 mm starken Längseisens (3. Probestab).

Die 26 mm dicken Rundeisen ergaben:
Streckgrenze $\sigma_s = \frac{1}{3} \cdot$ (2820 + 2830 + 2730) = 2790 kg/qcm.
Zugfestigkeit $\frac{1}{3} \cdot$ (4010 + 3920 + 3890) = 3940 kg/qcm.
Bruchdehnung im Mittel 36 %, Einschnürung 69 %.

Die 20 mm dicken Rundeisen zeigten:

Streckgrenze $\sigma_s = {}^1/_5 \cdot (3150 + 3050 + 3160 + 3250 + 3120) = 3150$ kg/qcm.

Zugfestigkeit ${}^1/_5 (4410 + 4340 + 4400 + 4460 + 4390) = 4400$ kg/qcm.

Bruchdehnung im Mittel 32 %, Einschnürung 62 %.

Die 16 mm dicken Stäbe ergaben:

Streckgrenze $\sigma_s = {}^1/_9 \cdot (3490 + 3530 + 3380 + 3480 + 3480 + 3410 + 3380 + 3240 + 3260) = 3400$ kg/qcm.

Zugfestigkeit ${}^1/_9 \cdot (4390 + 4390 + 4430 + 4230 + 4230 + 4450 + 4330 + 4180 + 4490) = 4350$ kg/qcm.

Bruchdehnung im Mittel 35 %, Einschnürung 66 %.

Die Arbeitslinien eines 16 und eines 32 mm dicken Probestabes sind in den Abb. 23 und 24 dargestellt; die Längenänderungen ε beziehen sich hierin auf eine Meßstrecke von 200 mm.

5. Versuche über Haftfestigkeit und Hakenwiderstand.

Zu diesem Zwecke wurden am 26. Oktober 1912 von der Firma Fritz Mögle auf ihrem Werkplatz 34 prismatische Betonkörper in Holzformen von 16 × 22 × 24 cm, bezeichnet mit a bis r, und 6 Kontrollwürfel in Gußeisenformen von 20 cm

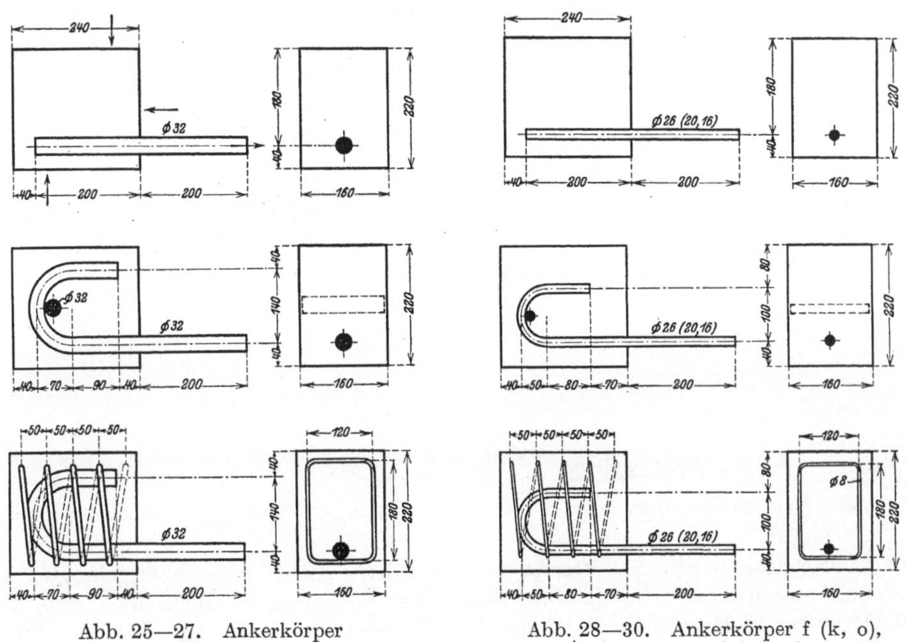

Abb. 25—27. Ankerkörper   Abb. 28—30. Ankerkörper f (k, o),
a, c und d.   h (m, q) und i (n, r).

Kantenlänge hergestellt. In die Prismen sind gerade Eisenstäbe und solche mit Haken, sowie Splinte und Umschnürungseisen eingelegt (Abb. 25 bis 30). Von jeder der 17 Bauarten sind 2 gleiche Versuchskörper angefertigt. Die Eiseneinlagen sind aus der Tabelle 3 ersichtlich. Die Betonmischung bestand aus 1 Raumteil Portlandzement, 4 Raumteilen Donausand und knapp ½ Raumteil Wasser (9,5 %) und ergab eine nahezu weiche Masse. Die Lufttemperatur betrug + 3 bis 4° C. Die Erhärtung erfolgte vom dritten Tage an in einem Schuppen mit 7 bis 10° C, wo die Körper

Tabelle 3.

Eisenbewehrungen der Versuchskörper für Haftfestigkeit und Hakenwiderstand.

Körper	Längseisen		Umschnürung		Splinte
	Dicke in mm	Form	Dicke in mm	Zahl	Dicke in mm
a	32	gerade	—	—	—
b	32	Haken	—	—	—
c	32	,,	—	—	32
d	32	,,	8	5	—
e	32	,,	12	5	—
f	26	gerade	—	—	—
g	26	Haken	—	—	—
h	26	,,	—	—	26
i	26	,,	8	5	—
k	20	gerade	—	—	—
l	20	Haken	—	—	—
m	20	,,	—	—	20
n	20	,,	8	5	—
o	16	gerade	—	—	—
p	16	Haken	—	—	—
q	16	,,	—	—	16
r	16	,,	8	5	—

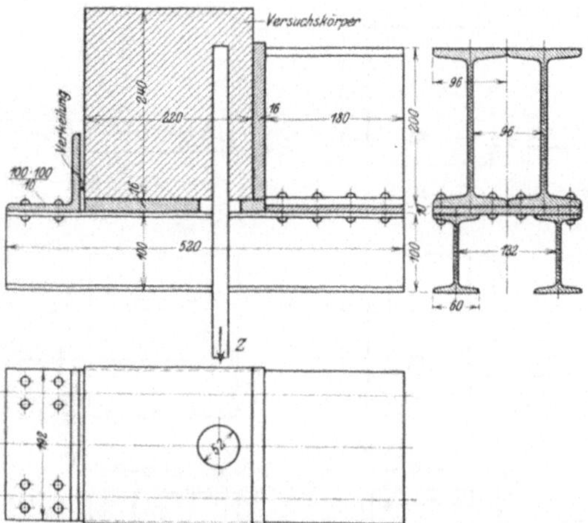

Abb. 31. Einspannvorrichtung für die Ankerproben (Längenschnitt, Querschnitt, Grundriß).

mit Sand bedeckt lagen und öfter begossen wurden. Am 16. Dezember gelangten sie ins mechanisch-technische Laboratorium der Technischen Hochschule, wo am 19. Dezember die Erprobung stattfand. Das Alter betrug also 54 Tage. Die Erprobung erfolgte in einer Amslerschen Zerreißmaschine mit der in Abb. 31 dargestellten, von Ing. Karrer mit meinem Einvernehmen entworfenen Einspannvorrichtung, welche sich sehr gut bewährte. Die Einspannkräfte sind aus der Abb. 25 zu entnehmen. Die Würfeldruckfestigkeit betrug $(215 + 212 + 161 + 170 + 155 + 163) : 6 = 179$ kg/qcm. Das Eisen wurde dem Hauptversuchsbalken entnommen. Die Ergebnisse sind in der Tabelle 4 zusammengestellt. Die Zunahme der Höchstlasten durch Haken und Umschnürung zeigt die Abb. 35.

Die geraden Eisen wurden ohne vorherige Rißbildung aus dem Beton glatt herausgezogen. In den Prismen mit stärkeren Eisen bildeten sich hiebei Risse. Bei

Tabelle 4.

Ergebnisse der Versuche über Haftfestigkeit und Hakenwiderstand.

Körper	Zugkraft Z in t			Bruchspannungen kg/qcm		Verhältnisse der Höchstlasten		Brucherscheinung
	1. Riß	Bruch einzeln	Bruch Mittel	σ_e	τ_1			
a 1	3,60	3,60	4,14	450	18,0	1		Lotrechter Riß. Herausziehen des Eisens.
2	4,68	4,68		583	23,4			
b 1	5,50	5,84	6,07	730		1,46	1	Zerspalten in der Mitte.
2	5,42	6,30		785				
c 1	6,49	10,65	9,67	1330		2,33	1,59	desgl.
2	6,20	8,70		1080				
d 1	10,20	.¹)	12,80	.		3,08	2,11	Vollständige Zersprengung.
2	11,00	12,80		1590				
e 1	13,50	14,60	14,60	1820		3,52	2,41	desgl.
2	8,50	.¹)		.				¹) Last nicht abgelesen.
f 1	—	3,10	3,01	584	18,9	1		Herausziehen des Eisens; bei f₁ ohne Riß, bei f₂ mit lotrechtem Riß.
2	2,92	2,92		550	17,8			
g 1	3,97	4,62	4,09	870		1,36	1	Zerspalten in der Mitte.
2	3,30	3,55		670				
h 1	2,50	5,00	5,71	940		1,90	1,39	Zersprengung.
2	5,41	6,41		1210				
i 1	9,30	9,70	9,85	1820		3,27	2,41	desgl,
2	6,32	9,99		1880				
k 1	—	3,95	3,61	1250	31,4	1		Herausziehen des Eisens ohne Riß.
2	—	3,27		1040	26,0			
l 1	4,92	4,92	4,90	1560		1,36	1	Zerspalten in der Mitte.
2	4,88	4,88		1550				
m 1	5,65	5,85	5,95	1860		1,65	1,21	Zersprengung.
2	5,71	5,95		1890				
n 1	9,34	9,34	9,65	2960		2,67	1,97	desgl.
2	9,20	9,95		3160				
o 1	—	4,49	4,54	2240	44,9	1		Herausziehen des Eisens ohne Riß.
2	—	4,59		2280	45,9			
p 1	5,15	5,15	5,18	2570		1,14	1	Zerspalten in der Mitte.
2	5,20	5,20		2580				
q 1	4,82	4,82	5,16	2410		1,13	1,00	Zersprengung.
2	4,95	5,50		2740				
r 1	6,23	7,98	8,14	3970		1,79	1,57	desgl.
2	5,60	8,29		4120				

den Versuchskörpern mit Hakeneisen wurde die Höchstlast durch Zerspalten oder Zersprengen erreicht. Die Splinte lagen, wie sich an den zerstörten Körpern zeigte, nirgends an den Hakenrundungen an, sodaß eine unmittelbare Kraftübertragung auf sie nicht erfolgen konnte. Eine Formänderung der Haken oder deutliches Eindrücken in den Beton ist nicht beobachtet worden. Die Rißbildung an einigen Ankerkörpern ist aus den Abb. 32—34 ersichtlich.

Die Spannungen der einbetonierten Längseisen sind $\sigma_e = Z : \dfrac{\delta^2 \pi}{4}$. Die Haft- und Gleitwiderstände sind

$$\tau_1 = \frac{Z}{e\,u} = \frac{Z}{e\,\delta\,\pi},$$

worin δ die Eisendicke und $e = 20$ cm die Einbettungslänge bedeutet.

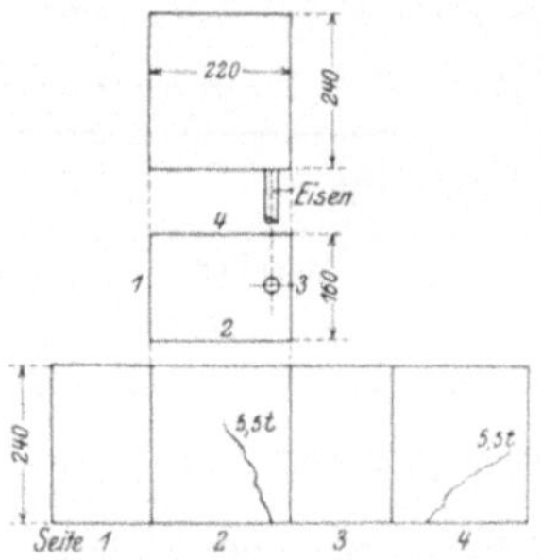

Abb. 32. Rißbildung im Ankerkörper b 1 (oben
Ansicht und Grundriß des Versuchsstückes,
unten abgewickelte Mantelfläche).

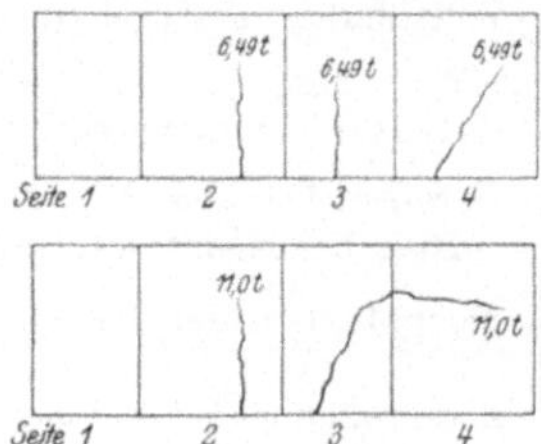

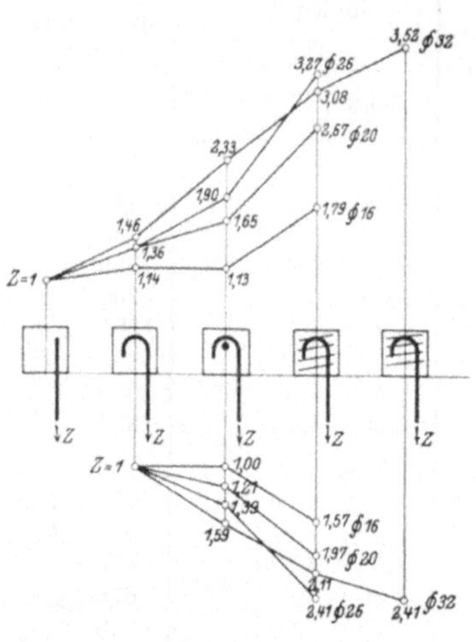

Abb. 33 und 34. Rißbildungen in den
Ankerkörpern c 1 (oben) und d 2 (unten).

Abb. 35. Vergleichsweise Tragfähigkeit der Ankerkörper.

6. Beginn der Rißbildung in den Balken.

Die genaue Feststellung der ersten Risse ist stets sehr schwierig, da sie selbst mit
bewaffnetem Auge erst dann gesehen werden können, wenn sie bereits eine gewisse
Weite erreicht haben. Die Feststellung ist also von der Schärfe der Beobachtung abhängig und hat daher nur Vergleichswert, worauf hier besonders hingewiesen werden muß. Ein sicheres Verfahren bieten die ersten Wasser-
flecke als Vorboten der Rißbildung, das wiederholt angewendet wurde.

Zur Beobachtung gelangten die Zugrisse, welche im Bereich der größten Biegungsmomente entstehen, ferner die schiefen Scher- oder Hauptzugspannungsrisse als
Folge der Querkräfte und schließlich die Gleitrisse. Die letzteren bildeten sich als an
der Unterfläche der Stege, manchmal auch an den Seitenflächen, in der Längsrichtung
verlaufende Rißerscheinungen, die von dem Gleiten der Eiseneinlagen in der um-
gebenden Betonhülle herrühren und die Auflösung des Verbundes anzeigen. Da die
Beanspruchung des Verbundes an jenen Stellen am größten ist, an denen die Eisenzugspannungen am stärksten wachsen, d. i. nach den bekannten Tatsachen zwischen
Auflager und Größtmoment, so waren bei den untersuchten Balken die ersten Gleitrisse in den äußeren Balkendritteln zu erwarten; dies war auch tatsächlich der Fall.

a) Die Zugrisse.

In der Tabelle 5 sind jene Stempellasten eingetragen, unter welchen im mittleren
Balkendrittel die ersten Zugrisse beobachtet sind. Damit wurden die Zugspannungen
im Beton, das sind die rechnungsmäßigen Biegezugfestigkeiten des Betons ermittelt.
Das eingeschlagene Rechenverfahren entspricht den diesbezüglichen österreichischen
Vorschriften. Es beruht darauf, daß der gesamte Balkenquerschnitt als homogen
betrachtet werde, nachdem der Querschnitt der Längsbewehrung mit seinem $n = 15$

Tabelle 5.

Beobachtung der Zugrisse.

Balken Nr.	Erster Zugriß beobachtet bei P in t	Biegezugfestigkeit σ_{bz} kg/qcm	Anmerkung
1	½ (4,5 + 4,5) = 4,50	25,8	
2	½ (4,0 + 4,5) = 4,25	24,4	
3	½ (5,0 + 4,0) = 4,50	25,8	
4	½ (5,5 + 5,0) = 5,25	30,2	
5	5,0 + — = 5,0	28,8	5 b nicht beobachtet
6	½ (4,0 + 4,5) = 4,25	24,4	
7	½ (4,0 + 4,0) = 4,0	22,9	
8	½ (4,0 + 4,0) = 4,0	22,9	
9	— + 4,5 = 4,5	25,8	9 a nicht beobachtet
10	5,0 + — = 5,0	28,8	10 b nicht beobachtet
11	½ (5,0 + 4,0) = 4,5	25,8	
12	½ (4,0 + 4,5) = 4,25	24,4	
13	½ (4,0 + 5,5) = 4,75	27,4	
14	½ (4,5 + 4,5) = 4,50	25,8	
15	½ (4,5 + 5,5) = 5,0	28,8	
16	½ (5,0 + 5,5) = 5,25	30,2	
17	½ (5,5 + 5,0) = 5,25	30,2	
18	½ (5,0 + 5,5) = 5,25	30,2	
19	½ (5,5 + 5,5) = 5,5	31,7	
20	½ (5,0 + 6,0) = 5,5	31,7	

fachen Wert und der Querschnitt der Betonzugzone mit dem $m = 2,5$ ten Teil als wirksam angenommen ist. Dann ist

$$\sigma_{bz} = \frac{M(H-x)}{mJ}$$

b) Die Schräg- oder Hauptzugrisse.

Die Stempellasten P, unter denen die ersten Schrägrisse in den äußeren Balkendritteln beobachtet sind, erscheinen in Tabelle 6 zusammengestellt. Trotz der aufgewendeten Mühe mag die Unterscheidung zwischen senkrechtem Zugriß und schrägem Scherriß nicht immer scharf geglückt sein; wo Zweifel vorhanden waren, sind diese in der Tabelle vermerkt. Aus den Querkräften sind die Hauptzugspannungen im Beton berechnet, und zwar ohne Berücksichtigung der Schrägeisen und Bügel aus der Beziehung

$$\tau_0' = \frac{Q}{b_0\,h_0}$$

und mit näherungsweiser Berücksichtigung der Bügel und Schrägeisen nach der aus der später angezogenen Fachwerktheorie sich ergebenden Formel

$$\tau_0'' = \frac{Q\,a}{h_0\,(b_0\,a + n\,f_{es}\,\sqrt{2} + n\,f_{eb})}$$

Hierin bedeutet $a = 80$ cm die Länge der rechteckigen Querkraftfläche (ohne Berücksichtigung des Eigengewichts), also mit $Q = P$

$$Qa = Pa = M_{max},$$

h_0 den Abstand des Druck- und Zugmittelpunktes unter der üblichen Annahme der Ausschaltung der Betonzugzone mit $n = 15$, $b_0 = 16$ cm die Rippen- oder Stegbreite,

Tabelle 6.

Beobachtung der Schrägrisse.

Balken Nr.	Erster Schrägriß beobachtet bei P in t	Hauptzugspannung kg/qcm		Anmerkung
		τ_0'	τ_0''	
1	$\tfrac{1}{2}\,(4{,}5 + 5{,}5) = 5{,}0$	12,8	12,8	
2	$\tfrac{1}{2}\,(5{,}0 + 6{,}0) = 5{,}5$	14,1	11,9	
3	$\tfrac{1}{2}\,(6{,}0 + 6{,}0) = 6{,}0$	15,2	12,9	
4	$\tfrac{1}{2}\,(6{,}5 + 6{,}0) = 6{,}25$	15,8	13,5	
5	$\tfrac{1}{2}\,(6{,}5 + 6{,}0) = 6{,}25$	15,8	12,3	
6	$\tfrac{1}{2}\,(6{,}5 + 6{,}0) = 6{,}25$	15,8	12,3	
7	$\tfrac{1}{2}\,(6{,}5 + 5{,}5) = 6{,}0$	15,2	12,9	
8	$\tfrac{1}{2}\,(6{,}0 + 6{,}5) = 6{,}25$	15,8	12,3	
9	$\tfrac{1}{2}\,(5{,}5 + 5{,}5) = 5{,}5$	14,7	12,2	
10	$\tfrac{1}{2}\,(5{,}5 + 6{,}5) = 6{,}0$	16,0	13,3	
11	$\tfrac{1}{2}\,(5{,}5 + 6{,}5) = 6{,}0$	16,0	12,1	11 a unsicher
12	$\tfrac{1}{2}\,(6{,}0 + 6{,}0) = 6{,}0$	16,0	12,1	12 b unsicher
13	$\tfrac{1}{2}\,(5{,}0 + 6{,}5) = 5{,}75$	15,3	12,7	
14	$\tfrac{1}{2}\,(6{,}5 + 6{,}5) = 6{,}5$	17,3	13,1	14 b unsicher
15	$\tfrac{1}{2}\,(6{,}5 + 7{,}0) = 6{,}5$	17,3	14,4	
16	$\tfrac{1}{2}\,(6{,}5 + 5{,}5) = 6{,}0$	16,0	13,3	16 b unsicher
17	$\tfrac{1}{2}\,(6{,}0 + 6{,}5) = 6{,}25$	16,7	12,7	
18	$\tfrac{1}{2}\,(6{,}5 + 7{,}0) = 6{,}75$	18,1	13,7	18 b unsicher
19	$\tfrac{1}{2}\,(7{,}0 + 6{,}5) = 6{,}75$	18,1	15,1	19 a unsicher
20	$6{,}5 \qquad = 6{,}50$	17,3	13,1	20 b nicht beobachtet.

f_{es} den Querschnitt aller Schrägeisen und f_{eb} den Querschnitt aller Bügel je in einem Balkendrittel. Wo Schrägeisen fehlen, ist $f_{es} = 0$, wo Bügel fehlen ist $f_{eb} = 0$ (vgl. die Tabelle 2).

Die Werte τ_0' bzw. τ_0'' können als die Hauptzugfestigkeiten oder auch als die reinen Zugfestigkeiten σ_z des Betons betrachtet werden. Sie sind in der Tabelle 7 im Zusammenhang mit der Druck- und Biegezugfestigkeit des Betons eingetragen. Im Mittel sind die Verhältnisse

$$\sigma_{wd} : \sigma_{bz} = 8{,}8$$
$$\sigma_{wd} : \sigma_z = 18{,}7$$
$$\sigma_{bz} : \sigma_z = 2{,}12$$

Tabelle 7.

Druck- und Zugfestigkeiten des Betons in kg/qcm.

Biegedruckfestigkeit σ_{bd}	Würfelfestigkeit σ_{wd}	Biegezugfestigkeit σ_{bz}		Zugfestigkeit σ_z		Verhältnisse				Balken
		einzeln	Mittel	einzeln	Mittel	$\dfrac{\sigma_{bd}}{\sigma_{wd}}$	$\dfrac{\sigma_{wd}}{\sigma_{bz}}$	$\dfrac{\sigma_{wd}}{\sigma_z}$	$\dfrac{\sigma_{bz}}{\sigma_z}$	
—	209	22,9—24,4	23,4	12,3—12,9	12,5	—	8,9	16,8	1,87	6, 7, 8
264	214	24,4—25,8	25,1	11,9—12,9	12,4	1,23	8,6	17,3	2,02	2, 3
—	223	25,9—28,8	27,3	12,2—13,3	12,3	—	8,2	18,1	2,22	9, 10
322	249	22,9—30,2	26,7	12,1—12,9	12,4	1,29	9,3	20,1	2,15	1, 4, 5, 11, 12, 13a
—	252	25,8—31,7	28,2	13,1—14,4	13,6	—	8,9	18,5	2,07	13 b, 14, 15
361	270	28,8—30,2	29,9	12,7—13,3	13,1	1,33	9,0	20,6	2,28	16, 17, 18 a
(283)	273	31,7	31,7	13,1—15,1	14,2	(1,04)	8,6	19,2	2,23	18 b, 19 20

Die Schubfestigkeit beträgt nach Mohr

$$\tau_0 = \tfrac{1}{2}\sqrt{\sigma_{wd} \cdot \sigma_z} = 25{,}6 \text{ bis } 31{,}2 \text{ kg/qcm (vgl. Tabelle 10; Balken 1).}$$

c) Die Gleitrisse.

In der Tabelle 8 sind jene Stempellasten P eingetragen, unter welchen die ersten Gleitrisse beobachtet werden konnten. In den Abb. 36—39 sind die Rißbildungen an einigen Balken dargestellt. Berechnet man die für diesenLastzustand wirkenden Haftspannungen, so erhält man die Haftfestigkeiten (Gleitwiderstände). Das dabei eingeschlagene Rechenverfahren fußt auf der Annahme, daß die im Eisen wirkende Zugkraft, deren Größtwert unter der Stempellast P auftritt, bis zum Auflager durch gleichmäßig verteilt angenommene Haftspannungen auf die Länge a auf den Beton übertragen werde. Hierbei ist naturgemäß jene Eisenzugkraft inbetracht zu ziehen, welche unter Berücksichtigung des Abstandes der Eisen von der Nullinie und unter der Annahme einer gerissenen Zugzone entsteht; ferner wird $n = 15$ angenommen. Bezeichnet σ_e die im Abstand $h - x$ von der Nullinie wirkende Schwerpunktsspannung der Eisen, so beträgt die Spannung im Eisen mit dem Abstand $h_1 - x$ von der Nullinie:

$$\sigma_{e_1} = \frac{h_1 - x}{h - x}\, \sigma_e,$$

womit die Haftspannung beim Eisendurchmesser δ

$$\tau_1 = \frac{\delta}{4\,a}\, \sigma_{e_1}.$$

Die Berücksichtigung der Hakenwirkung ist hier nicht angebracht, da die Haken erst dann wesentliche Kräfte übertragen können, wenn der gesamte Haft- und ein beträchtlicher Teil des Gleitwiderstandes überwunden ist. Dieser Zustand wird allerdings häufig dem Gleitbeginn unmittelbar folgen, weil die Haftung rasch auf die ganze eingebettete Länge zerstört werden kann. Anderer-

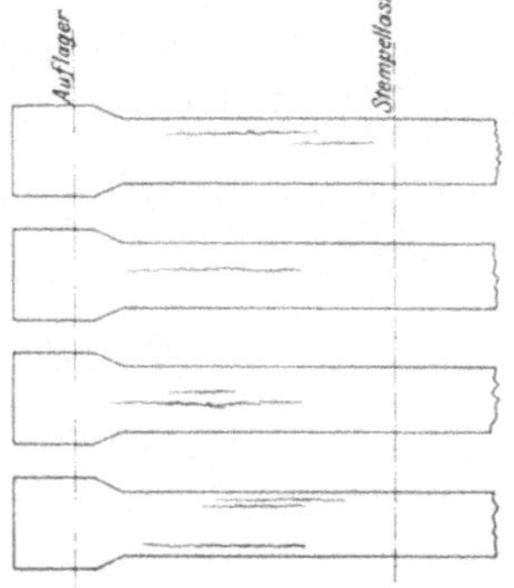

Abb. 36—39. Untersichten der Balken 1a, 3b, 11a und 15b mit den beobachteten Gleitrissen.

Tabelle 8.

Beobachtung der Gleitrisse.

Balken Nr.	Erstes Gleiten der Eisen beobachtet bei P in t	Haftfestigkeit τ_1 kg/qcm	Anmerkung
1	½ (7,0 + 7,0) = 7,00	½ (14,3 + 14,3) = 14,3	nicht beobachtet
2	—	—	
3	½ (8,0 + 7,5) = 7,75	½ (13,2 + 12,4) = 12,8	
4	½ (9,0 + 10,0) = 9,50	½ (14,8 + 16,5) = 15,7	
5	10,0 = 10,00	16,5 = 16,5	5b nicht beobachtet
6	11,0 = 11,00	18,1 = 18,1	6a nicht beobachtet
7	½ (8,5 + 8,0) = 8,25	½ (14,0 + 13,2) = 13,6	
8	½ (11,0 + 10,5) = 10,75	½ (18,1 + 17,3) = 17,7	
9	½ (9,0 + 8,5) = 8,75	½ (13,8 + 12,8) = 13,3	
10	½ (10,0 + 11,0) = 10,50	½ (15,1 + 16,6) = 15,8	
11	½ (10,5 + 11,0) = 10,75	½ (15,9 + 16,6) = 16,2	
12	11,0 = 11,00	16,6 = 16,6	12a nicht beobachtet
13	½ (10,5 + 9,0) = 9,75	½ (15,9 + 13,8) = 14,8	
14	½ (12,0 + 11,5) = 11,75	½ (18,1 + 17,4) = 17,7	
15	½ (10,5 + 11,0) = 10,75	½ (12,6 + 13,2) = 12,9	
16	½ (11,5 + 12,5) = 12,00	½ (13,9 + 15,0) = 14,4	
17	14,0 = 14,00	16,9 = 16,9	17a nicht beobachtet
18	14,5 = 14,50	17,4 = 17,4	18a nicht beobachtet
19	11,5 = 11,50	13,9 = 13,9	19a nicht beobachtet
20	½ (13,0 + 14,5) = 13,75	½ (15,6 + 17,4) = 16,5	

Tabelle 9.

Festigkeiten τ_1 in kg/qcm beim Gleitbeginn.

Balken	$\delta = 32$		$\delta = 26$		$\delta = 20$		$\delta = 16$ mm		τ_1 Gesamtmittel
	τ_1 einzeln	τ_1 Mittel	τ_1 einzeln	τ_1 Mittel	τ_1 einzeln	τ_1 Mittel	τ_1 einzeln	τ_1 Mittel	
Ohne Büg., ohne Umschnürung	—	—	12,4—14,0	13,2	12,8—15,9	14,2	12,6—13,9	13,2	13,6
Ohne Bügel, mit Umschnürung	14,3—14,3	14,3	14,8—16,5	15,7	15,1—16,6	15,8	13,9—15,0	14,5	15,1
Mit Bügeln ..	—	—	16,5—18,1	17,5	15,9—18,1	16,9	15,6—17,4	16,8	17,1

seits ist auch eine Berücksichtigung des Zugwiderstandes des Betons nicht angängig, weil vor der Zugrißbildung eine nennenswerte Beanspruchung des Verbundes nicht möglich ist.

In Tabelle 9 sind die aus den Gleitlasten ermittelten Haftfestigkeiten für die verschiedenen Eisenstärken und Querbewehrungen zusammengestellt.

7. Die Einsenkungen der Balken.

Die Messung der Durchbiegungen der Balken in der Mitte gestattet nicht weiterreichende Schlußfolgerungen als die vergleichsweise Beurteilung des elastischen Verhaltens unter den verschiedenen Belastungen. In den Abb. 40 bis 52 sind die Ein-

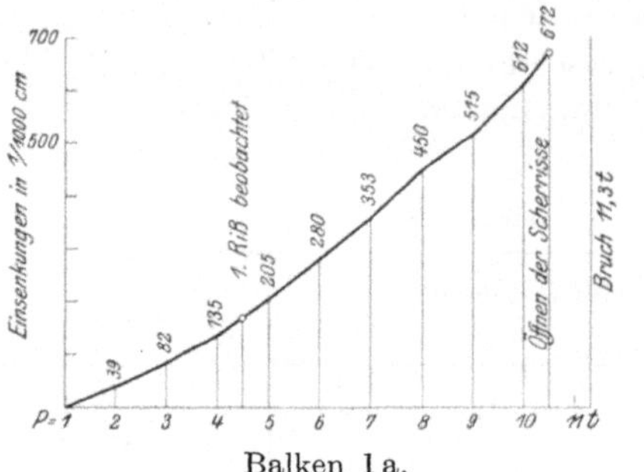

Balken 1 a.

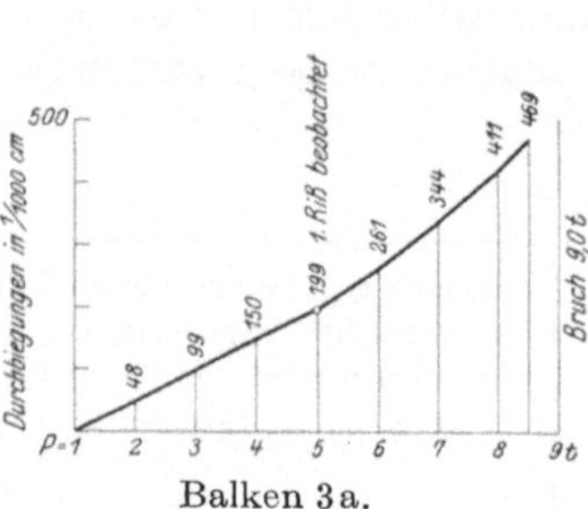

Balken 3 a.

Abb. 40—41. Schaulinien für die Durchbiegung der Mitte einiger Balken.

senkungen einiger Balken dargestellt. Darnach nehmen die Durchbiegungen stärker zu, sobald merkbare Rißbildungen entstanden sind; wesentlich größer wird das Wachstum nach Erreichen der Streckgrenze der Eisen. Bei einigen Balken erfolgte eine stärkere Vermehrung der Durchbiegungen schon vor dem Erreichen der Streckgrenze; es sind dies vornehmlich jene Balken, deren Bruch durch die Zerstörung der Balkenköpfe erfolgte oder bei denen ein merkbares Eindrücken der Haken in den Beton beobachtet wurde. Die Größe der Einsenkungen erweist sich daher auch von der Stärke des Verbundes abhängig. Die geringeren Durchbiegungen zeigten analog die Balken mit Bügeln und hier wieder ausgeprägter jene, deren gesamte Längsbewehrung bis in die Köpfe reichten. Balken ohne Bügel besaßen stärkere Rißbildungen und größere Einsenkungen. Die Umschnürung der Köpfe wirkte bei den dicken Eisen verzögernd, bei den dünneren Eisen ist ein solcher Einfluß nicht deutlich vorhanden. Die Versplintung erwies sich nur bei den dicken Eisen günstig, bei den dünneren Eisen

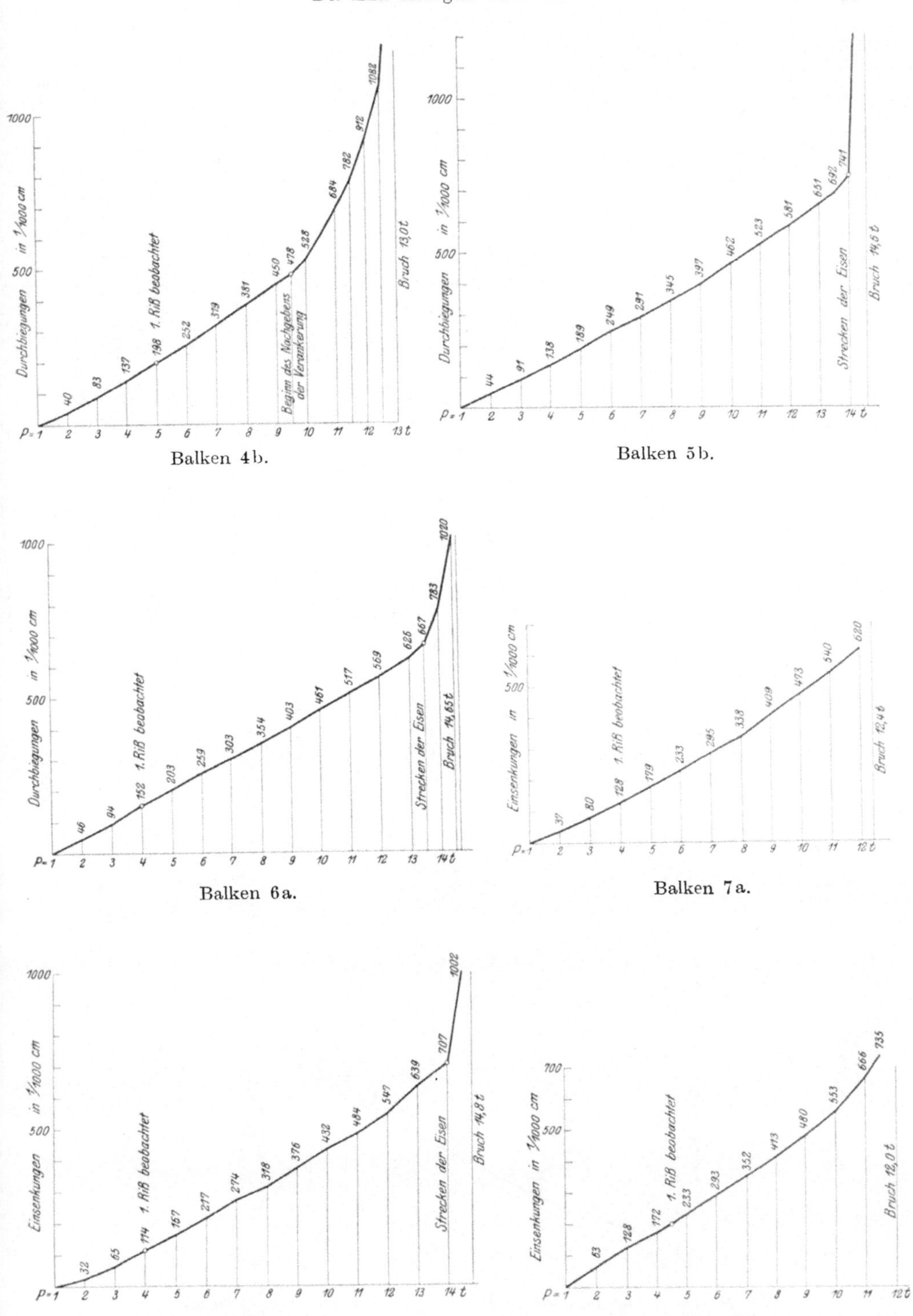

Abb. 42—47. Schaulinien für die Durchbiegung der Mitte einiger Balken.

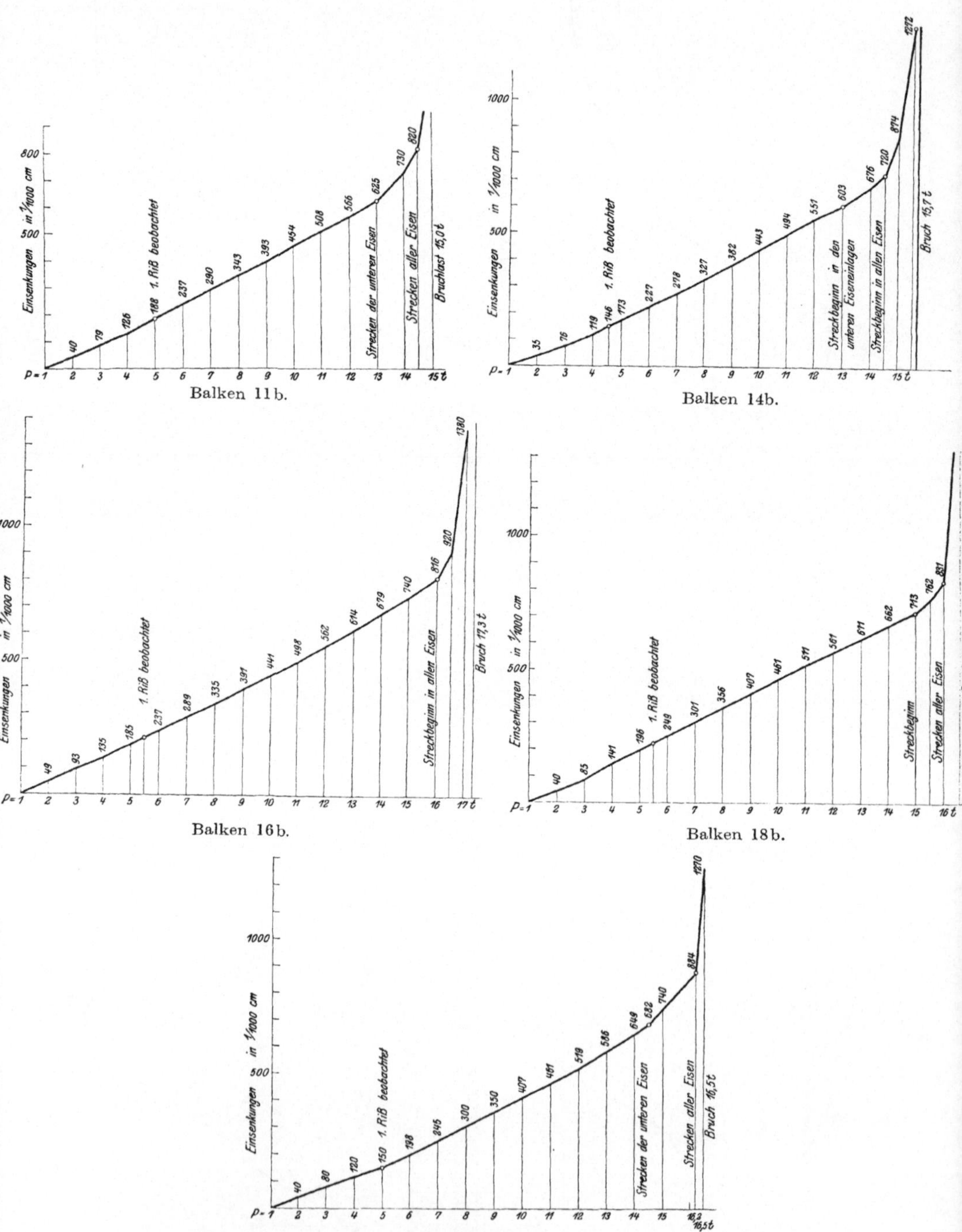

Abb. 48—52. Schaulinien für die Durchbiegung der Mitte einiger Balken

eher ungünstig. Bei sonst gleichen Querbewehrungen ergaben die Balken mit schwächeren Längseisen etwas kleinere Einsenkungen.

Aus den Versuchen des Deutschen Ausschusses (Heft 10, 12 und 20), die zum Vergleich heiangezogen werden, ergibt sich hinsichtlich der Haken und Bügel, daß beide die Einsenkungen vermindern, letztere hauptsächlich bei größeren Belastungen, was offenbar mit der beobachteten Verzögerung der Rißbildung zusammenhängt.

8. Brucherscheinungen der Balken.

Balken 1a. Höchstlast eines Stempels P = 11,3 t. Im äußeren Balkendrittel rechts bilden sich schiefe Risse unter 30⁰, welche von der Stempellast ausgehen, sich erweitern und zum Bruch führen. Linker Balkenteil nur schwache, in beiden Balkenköpfen keine Risse.

Balken 1b. Höchstlast eines Stempels P = 12,3 t. Schiefe Risse links unter 45, rechts unter 30⁰ von den Stempeln ausgehend. Rechter Riß führt plötzlich zum Bruch.

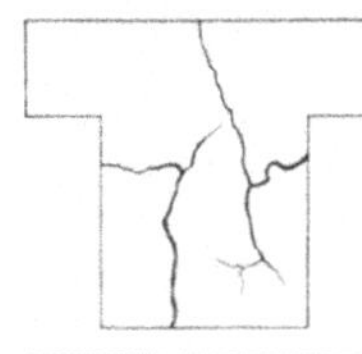

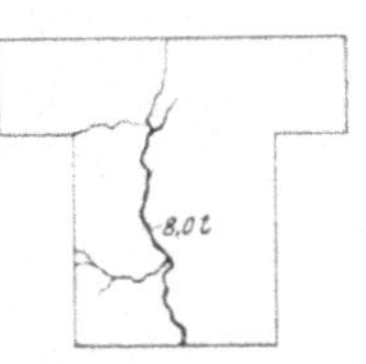

Risse in Balkenmitte reichen bis zur halben Höhe. Balkenenden unbeschädigt.

Die Bruchursache der Balken der Reihe 1 ist die Überwindung des Schubwiderstandes. Der Verbund in den Balkenköpfen bleibt erhalten.

Balken 2a. Höchstlast P = 12,0 t. Zwei nahe beisammen liegende Risse in Balkenmitte erweitern sich. Bei Beginn des Lastrückganges Zerstörung der Druckzone. Die Risse in den äußeren Balkenteilen bleiben klein. Die Balkenenden sind unbeschädigt.

Balken 2b. Höchstlast P = 12,5 t. Bruchbild wie 2a. Zunder der Eisen abgesprungen.

Die Bruchursache der Balken der Reihe 2 ist die Überwindung der Streckgrenze der Längseisen. Schubwiderstand und Verbund an den Balkenenden sind ausreichend.

Balken 3a. Höchstlast P = 9.0 t. Risse in Mitte gering. Rascher Bruch durch schiefen Scherriß unter 40⁰ im linken Balkenteil unter gleichzeitigem völligen Zerspalten des Kopfes (Abb. 53). Rechter Balkenkopf ohne Risse.

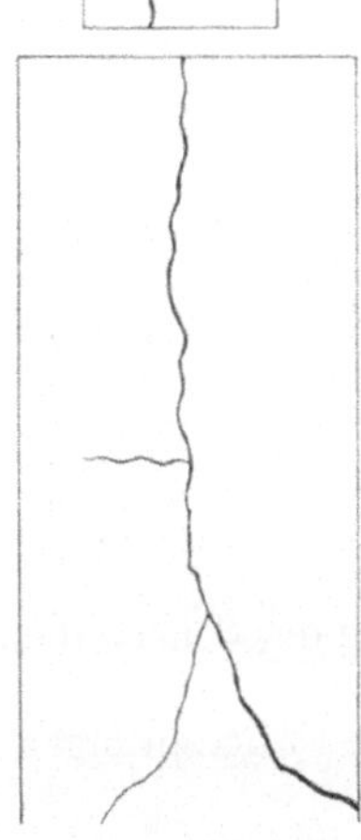

Abb. 53. Rißbildung in Stirn und Platte des Balkens 3a (ohne Bügel, Längseisen 26 mm.)

Abb. 54. Rißbildung in der Stirn des Balkens 3b (ohne Bügels, Längseisen 26 mm.)

Abb. 55. Rißbildung in der Stirn des Balkens 4b (mit Kopfumschnürung, Längseisen 26 mm).

Balken 3b. Beim Transport in die Maschine ist ein senkrechter Riß in Balkenmitte entstanden. Höchstlast P = 8,0 t. Schiefer Riß nahe dem linken Auflager und völliges Zerspalten des Kopfes (Abb. 54). Sonst wie 3a.

Bruchursache der Balken der Reihe 3 ist die völlige Auflösung des Verbundes in den Balkenköpfen.

Balken 4a. Höchstlast P = 13,9 t. Risse in Balkenmitte bis Platte. Zahlreiche schiefe Risse in den äußeren Balkendritteln. Schiefer Riß unter 30⁰ vom linken Balkenende führt zum Bruch: linke Balkenstirn feiner Riß (Abb. 55). Rechter Balkenkopf unbeschädigt.

Balken 4b. Höchstlast P = 13,0 t. Risse in Balkenmitte gering, sonst Brucherscheinungen wie vor (Abb. 56). Die Bruchursache der Balken der Reihe 4 ist die Überwindung des Schubwiderstandes; Verbund scheinbar nahe der Zerstörung.

Balken 5a. Höchstlast P = 13,3 t. Risse in Balkenmitte bis zur halben Höhe. Zahlreiche schiefe Risse, vom linken Stempel ausgehend, führen zum Bruch. Balkenköpfe rißfrei.

Balken 5b. Höchstlast P = 14.6 t. Gleichmäßige Rißbildung im ganzen Balken. Starke schiefe Scherrisse in der Nähe beider Balkenenden. Risse in Balkenmitte erweitern sich zum Bruch, mit Zerstörung der Druckzone. Zunder an einem Längseisen abgesprungen. Stirnflächen und Köpfe unbeschädigt.

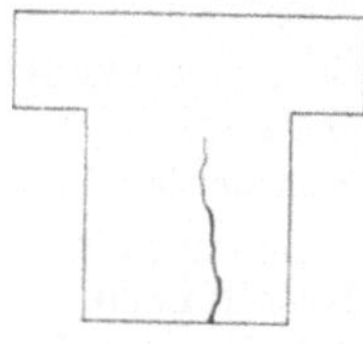

Abb. 56. Stirn des Balkens 4 b (mit Kopfumschnürung. Längseisen 26 mm).

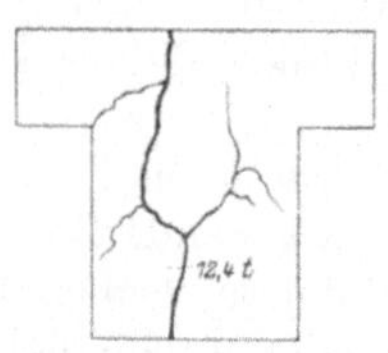

Abb. 57. Stirn des Balkens 7 a (ohne Bügel, Längseisen 26 mm).

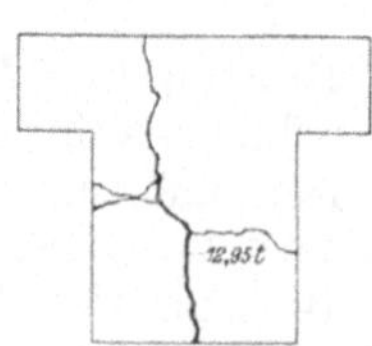

Abb. 58. Stirn des Balkens 7 b.

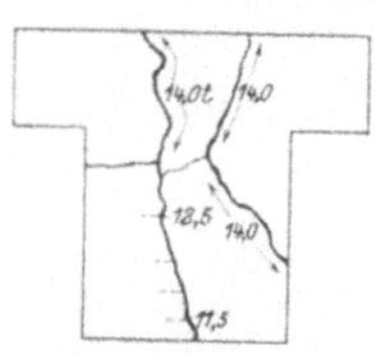

Abb. 59. Stirn des Balkens 9 a (ohne Bügel, Längseisen 22 mm). Die eingeschriebenen Zahlen bedeuten die Stempellasten in t, unter denen die Risse entstanden sind.

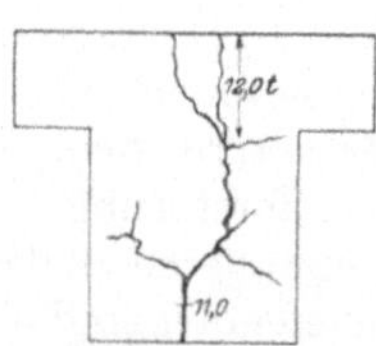

Abb. 60. Stirn des Balkens 9 b.

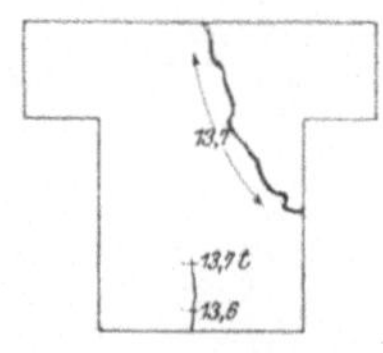

Abb. 61. Stirn des Balkens 13 a (ohne Bügel, Längseisen 20 mm). Die eingeschriebenen Zahlen bedeuten die Stempellasten in t, unter denen die Risse entstanden (beobachtet) sind.

Die Bruchursache der Reihe 5 ist bei Balken a die Überwindung des Scherwiderstandes, bei Balken b der Streckgrenze des Eisens.

Balken 6a. Höchstlast P = 14,65 t. Zunder an 2 Längseisen abgesprungen.

Balken 6b. Höchstlast P = 14,0 t.

Bei beiden Balken zahlreiche Scherrisse. Senkrechte Risse im mittleren Balkendrittel nahe dem rechten Stempel erweitern sich bis zur schließlichen Zerstörung des Betons. Balkenenden unbeschädigt. Bruchursache ist die Überwindung der Streckgrenze.

Balken 7a. Höchstlast P = 12,4 t. Zugrisse reichen über die Mitte der Balkenhöhe. Zahlreiche schiefe Risse in den äußeren Dritteln. Am rechten Balkenteil Risse zwischen Rippe und Platte und Zerspalten des rechten Balkenkopfes (Abb. 57). Haken haben sich 1 mm eingedrückt.

Balken 7b. Höchstlast P = 12,95 t. Brucherscheinungen wie vor. Zerspalten des linken Balkenendes (Abb. 58).

Bruchursache der Reihe 7 ist die Lösung des Verbundes.

Balken 8a und b. Höchstlast je P = 14,8 t.

Balkenenden unbeschädigt. Bruch zwischen den Stempeln durch Erweiterung der Zugrisse und schließlich Zerdrücken des Betons. Zunder von den meisten Längseisen abgesprungen.

Bruchursache ist die Überschreitung der Streckgrenze.

Balken 9a. Höchstlast P = 14,4 t, Zerstörung durch Zerspalten des rechten Balkenkopfes (Abb. 59) und Längsriß zwischen Platte und Rippe im rechten Balkenteil. Risse in Mitte bis zur halben Höhe.

Balken 9b. Höchstlast P = 12,0 t. Erscheinungen wie vor im linken Balkenteil (Abb. 60).

Bruchursache der Balken 9 ist die Lösung des Verbundes.

Balken 10a. Höchstlast P = 14,95 t. Schiefer Riß nahe dem linken Ende. Längsriß daselbst zwischen Rippe und Platte bis Balkenkopf. Zugrisse bis $\frac{2}{3}$ der Balkenhöhe.

Balken 10b. Höchstlast P = 14,65 t. Schiefer Riß im rechten Balkendrittel. Kopf unbeschädigt.

Bruchursache der Balken 10 ist die Überwindung des Schubwiderstandes. Verbund bei Balken a der Zerstörung nahe.

Balken 11a. Höchstlast P = 14,5 t. Zahlreiche Risse, vom rechten Stempel schief gegen das Auflager verlaufend, führen zum Bruch. Köpfe intakt. Risse in Balkenmitte bis $\frac{2}{3}$ der Höhe.

Balken 11b. Höchstlast P = 15,0 t. Brucherscheinungen wie vor, jedoch im linken Balkenteil. Steiler Riß am linken Stempel öffnet sich. Örtliche Zerstörung des Betons. Zunder an einem Eisen abgesprungen.

Bruchursache der Balken 11 ist die Überwindung des Scherwiderstandes, bei Balken b mit gleichzeitigem Überschreiten der Streckgrenze.

<table>
<tr>
<td>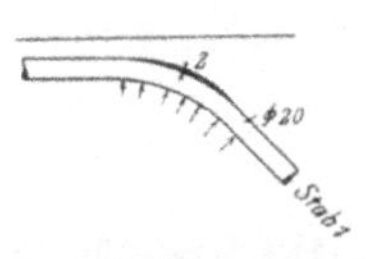</td>
<td>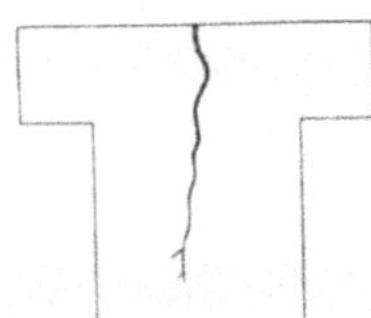</td>
<td>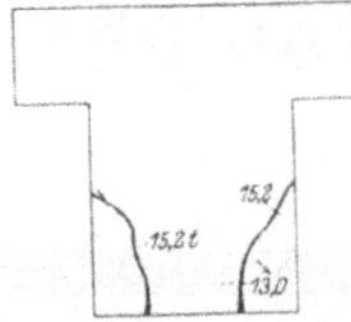</td>
<td>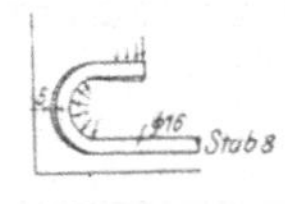</td>
</tr>
<tr>
<td>Abb. 62. Beim Zerschlagen des Balkens 13a beobachtetes Eindrücken des Stabes 1 an der oberen Abbiegestelle.</td>
<td>Abb. 63. Stirn des Balkens 13b beim Bruch.</td>
<td>Abb. 64. Stirn des Balkens 15a (ohne Bügel, Längseisen 16 mm). Die Zahlen bedeuten die Stempellasten in t, unter denen die Risse entstanden.</td>
<td>Abb. 65. Beim Zerschlagen des Balkens 15a beobachtetes Eindrücken des Längseisens 8 im Kopf.</td>
</tr>
</table>

Balken 12a. Höchstlast P = 14,5 t. Steiler Riß, vom linken Stempel unter 60° nach außen verlaufend, öffnet sich. Beton der Platte unter dem Riß zerstört. Risse in Balkenmitte bis $\frac{2}{3}$ der Höhe. Köpfe intakt.

Balken 12b. Höchstlast P = 14,4 t. Brucherscheinung wie vor, jedoch rechts.

Bruchursache ist die Überwindung des Schubwiderstandes mit gleichzeitiger Erreichung der Streckgrenze bei Balken 12a.

Balken 13a. Höchstlast P = 13,95 t. Bruch durch schiefen Riß im linken Balkenteil. Linker und rechter Balkenkopf zerspalten (Abb. 61). Risse in Balkenmitte bis $\frac{2}{3}$ der Höhe. Eisen in den Beton merklich eingedrückt (Abb. 62).

Balken 13b. Höchstlast P = 15,0 t. Erscheinungen ähnlich den vorigen (Abb. 63).

Bruchursache ist die Lösung des Verbundes in den Balkenköpfen.

Balken 14a. Höchstlast P = 15,0 t. Senkrechter Riß zwischen den Stempeln erweitert sich, schließlich Abbröckeln der Druckzone. Schiefer Riß im rechten Balkenteil erweitert sich, führt aber nicht zum Bruch. Köpfe intakt.

Abb. 66. Balken Nr. 1. 2 gerade Eisen, 32 mm dick, mit Haken und Kopfumschnürung.

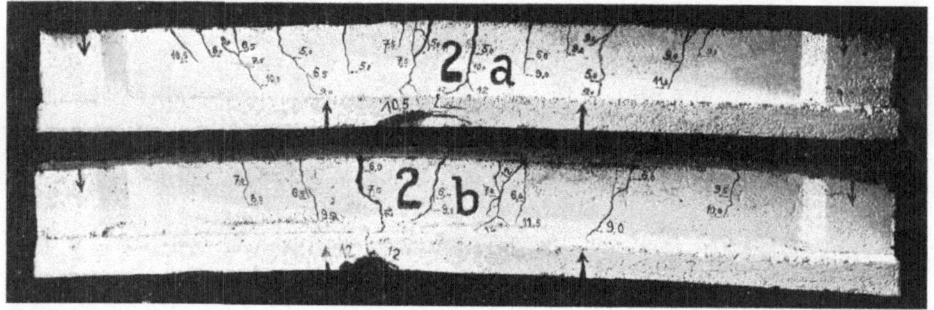

Abb. 67. Balken Nr. 2. 2 gerade Eisen, 32 mm dick, mit Haken und mit Bügeln.

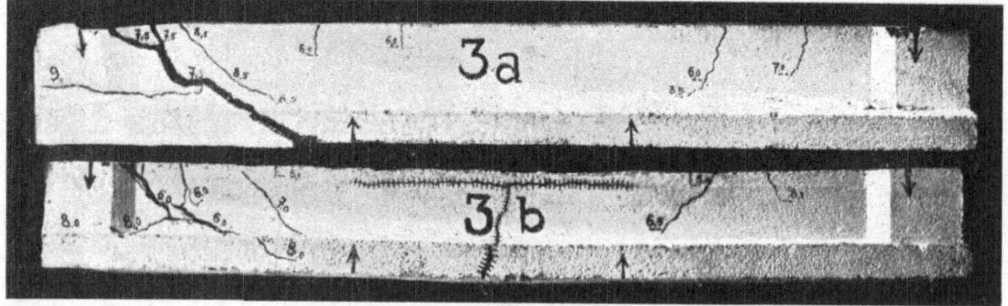

Abb. 68. Balken Nr. 3. 3 gerade und aufgebogene Eisen, 26 mm dick, ohne Querbewehrung.
Balken 3b vor dem Versuch durch einen lotrechten und wagerechten Riß in der Mitte beschädigt

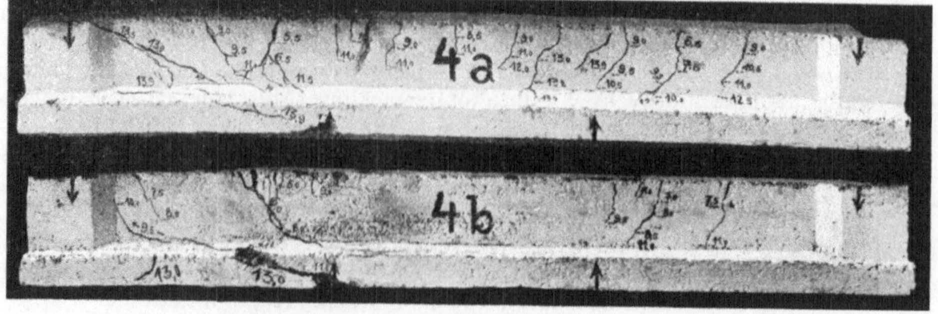

Abb. 69. Balken Nr. 4. 3 Längseisen 26 mm, Kopfumschürung.

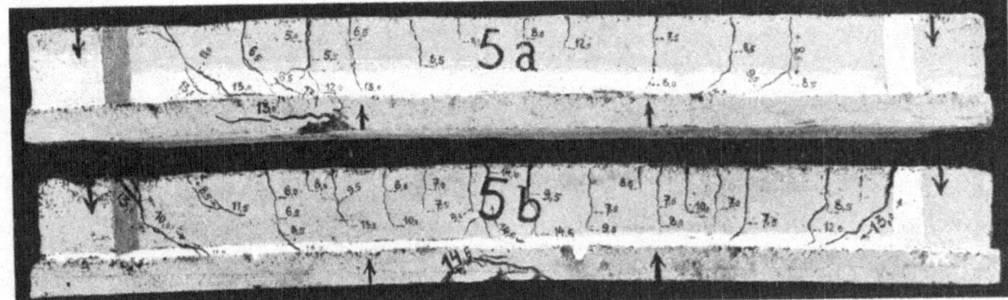

Abb. 70.   Balken Nr. 5.   3 Längseisen 26 mm, mit Bügeln.

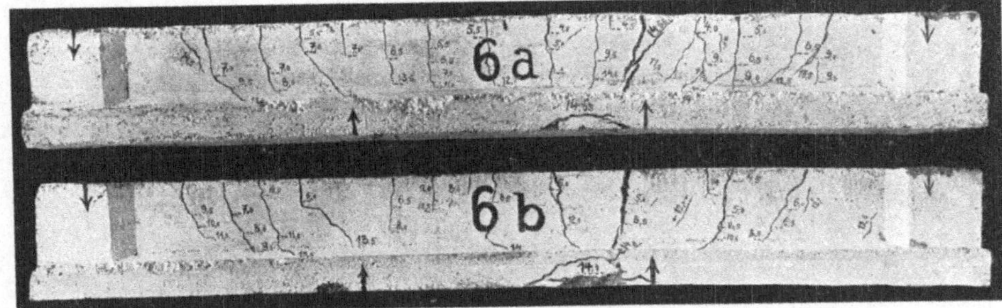

Abb. 71.   Balken Nr. 6.   3 Längseisen 26 mm, mit Bügeln, Splinten und Plattenbewehrung.

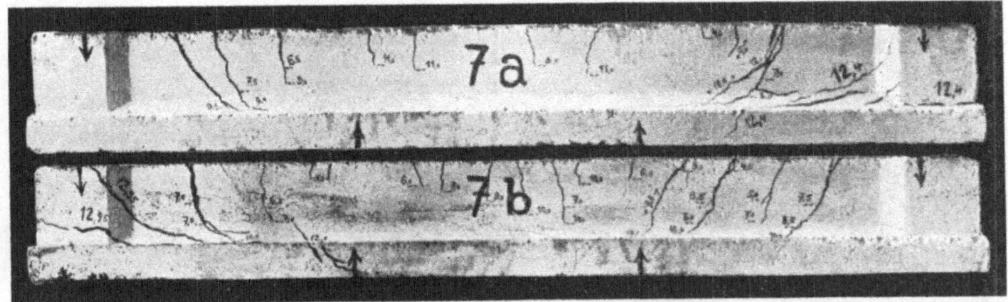

Abb. 72. Balken Nr. 7.   3 Längseisen 26 mm, sämtliche bis Balkenende, ohne Querbewehrung.

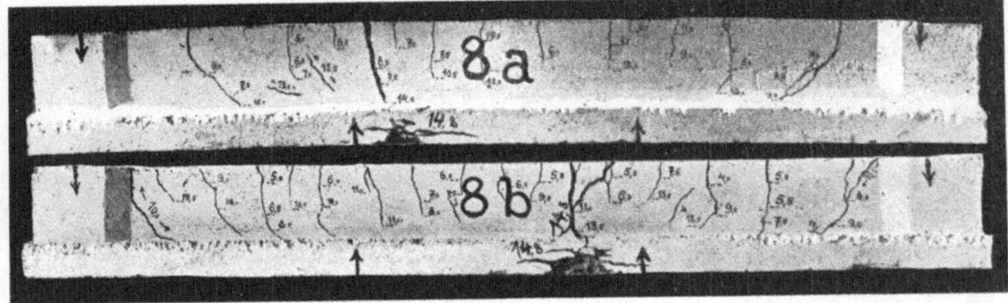

Abb. 73.   Balken Nr. 8.   3 Längseisen 26 mm, sämtliche bis Balkenende, mit Bügeln.

Abb. 74. Balken Nr. 9. 5 Längseisen 20 mm, ohne Querbewehrung.

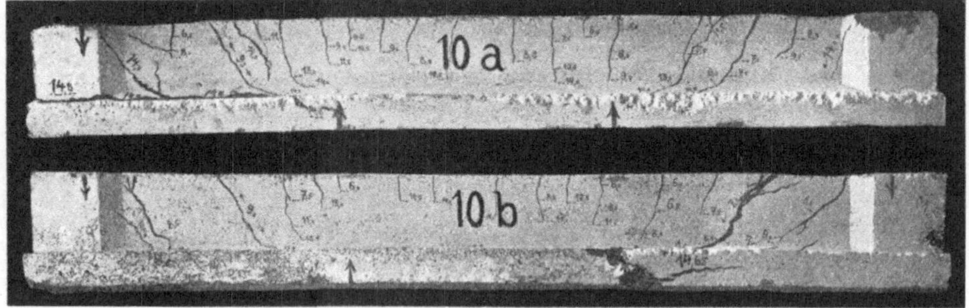

Abb. 75. Balken Nr. 10. 5 Längseisen 20 mm, Kopfumschnürung.

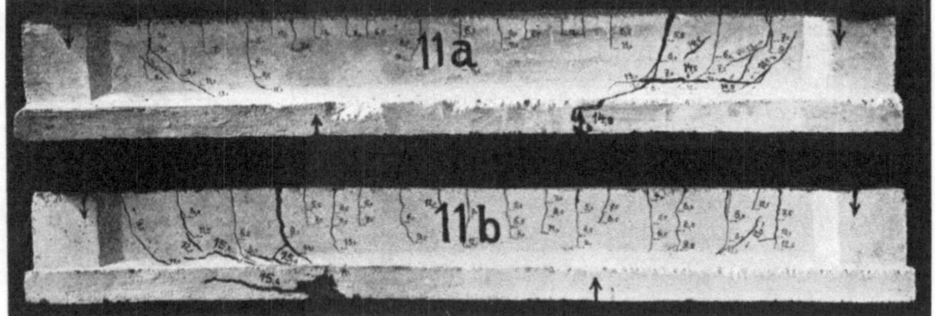

Abb. 76. Balken Nr. 11. 5 Längseisen 20 mm, mit Bügeln.

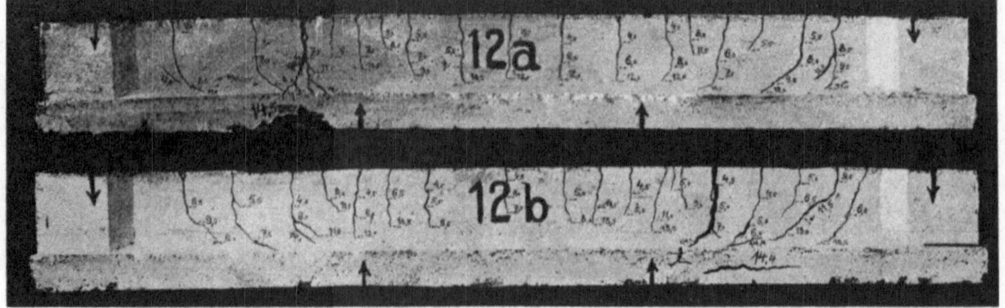

Abb. 77. Balken Nr. 12. 5 Längseisen 20 mm, mit Bügeln, Splinten- und Plattenbewehrung.

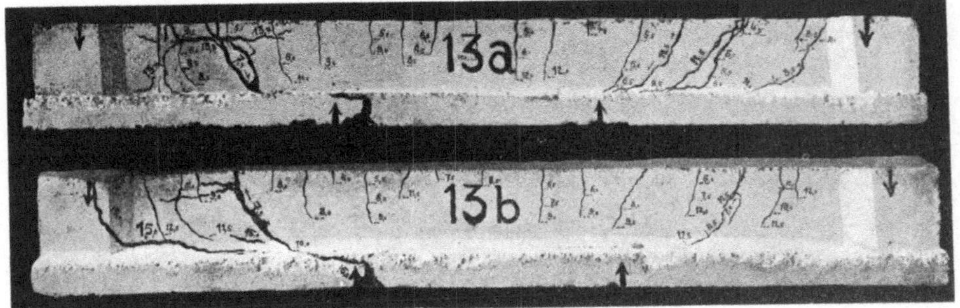

Abb. 78. Balken Nr. 13. 5 Längseisen 20 mm, sämtliche bis Balkenende, ohne Querbewehrung.

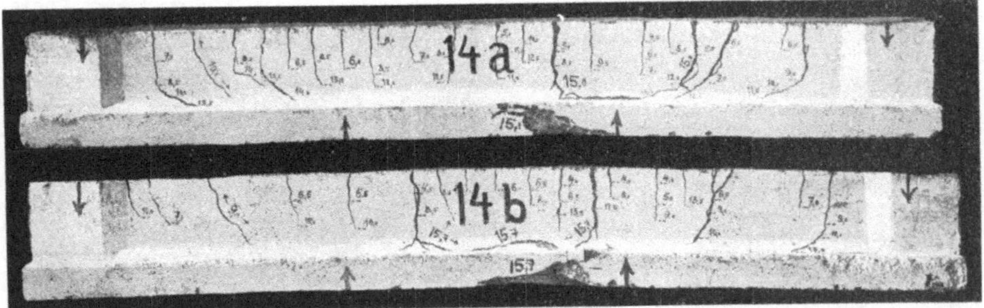

Abb. 79. Balken Nr. 14. 5 Längseisen 20 mm, sämtliche bis Balkenende, mit Bügeln.

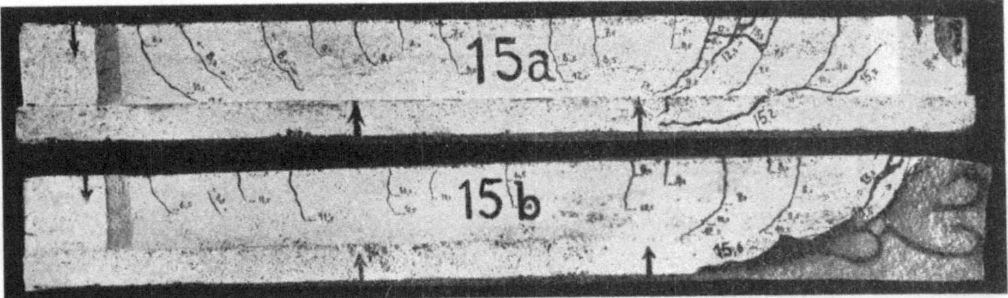

Abb. 80. Balken Nr. 15. 8 Längseisen 16 mm, ohne Querbewehrung.

Abb. 81. Balken Nr. 16. 8 Längseisen 16 mm, Kopfumschnürung.

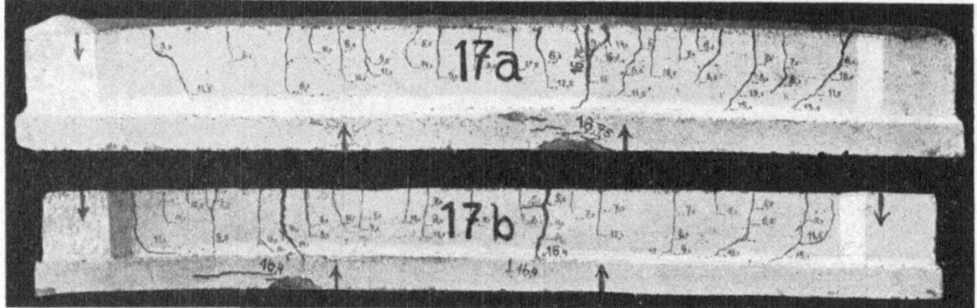

Abb. 82.   Balken Nr. 17.   8 Längseisen 16 mm, mit Bügeln.

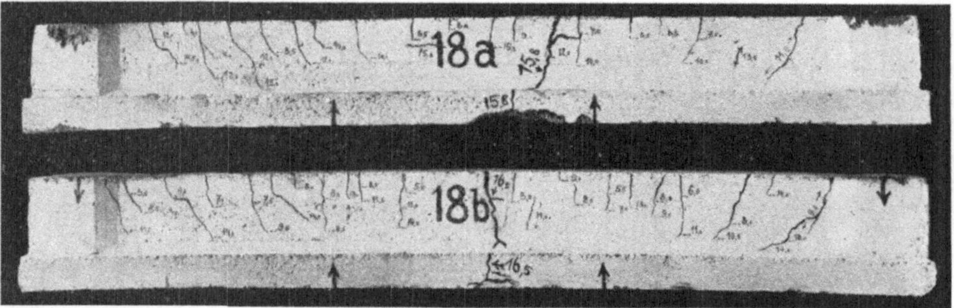

Abb. 83.   Balken Nr. 18.   8 Längseisen 16 mm, mit Bügeln, Splinten und Plattenbewehrung.

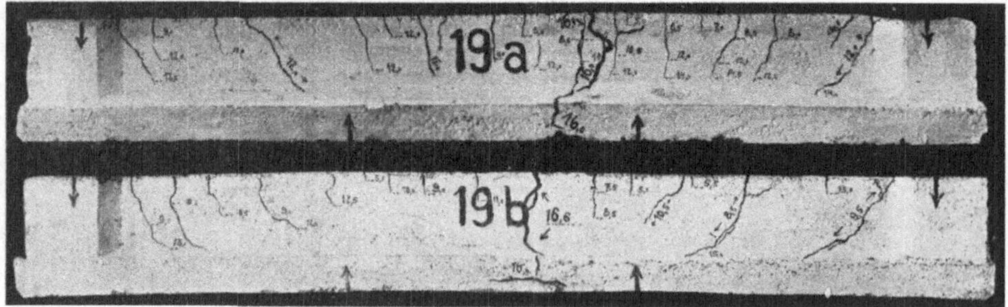

Abb. 84.   Balken Nr. 19.   8 Längseisen 16 mm, sämtliche bis Balkenende, ohne Querbewehrung.

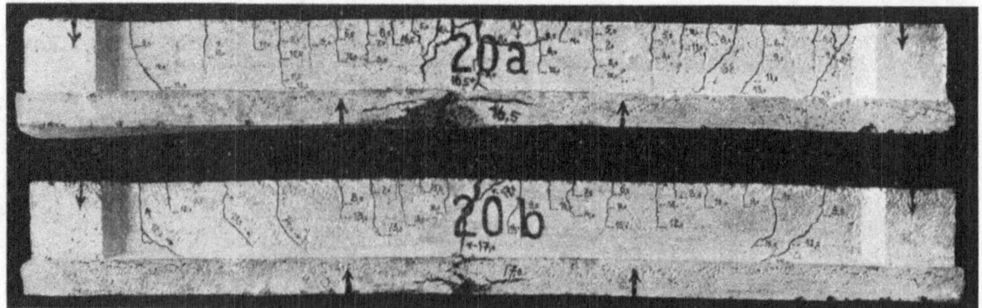

Abb. 85.   Balken Nr. 20.   8 Längseisen 16 mm, sämtliche bis Balkenende, mit Bügeln.

Balken 14b.   Höchstlast P = 15,7 t. Senkrechter Riß zwischen den Stempeln erweitert sich, schließlich Zerstörung der Druckzone. Risse in den äußeren Balkendritteln geringer als vor. Köpfe unbeschädigt. Zunder an den Längseisen abgesprungen.

Bruchursache ist die Überschreitung der Streckgrenze des Eisens.

Balken 15a.   Höchstlast P = 15,2 t.

Balken 15b.   Höchstlast P = 15,1 t.

In beiden Balken starke Schrägrisse unter 30° im rechten Teil und Zerspalten der rechten Köpfe. (Abb. 64.) Risse in Balkenmitte bis etwa $\frac{2}{3}$ der Höhe. Merkliches Eindrücken des Hakens in den Beton vorhanden (Abb. 65).

Bruchursache der Balken 15 ist die Lösung des Verbundes durch Zerspalten der Köpfe.

Balken 16a.   Höchstlast P = 16,3 t. Starke Schrägrisse, von beiden Stempeln unter 45° nach außen laufend. Schrägriß unmittelbar am rechten Stempel öffnet sich. Betonplatte am Stempel zerstört. Köpfe unbeschädigt.

Balken 16b.   Höchstlast P = 17,3 t. Vollständige Zerstörung der Balkenmitte nach Öffnung eines senkrechten Risses. Zunder an mehreren Längseisen abgesprungen.

Bruchursache ist die Überwindung der Streckgrenze des Eisens, bei Balken a gleichzeitig des Schubwiderstandes.

Balken 17a.   Höchstlast P = 16,75 t.   Riß in Mitte öffnet sich. Zunder an 2 Eisen abgesprungen.

Balken 17b.   Höchstlast P = 16,40 t. Risse in Mitte und an linkem Stempel öffnen sich.

Bruchursache ist die Überwindung der Streckgrenze, bei Balken b gleichzeitig des Schubwiderstandes.

Balken 18a.   Höchstlast P = 15.8 t.

Balken 18b.   Höchstlast P = 16,6 t.

Riß in Mitte öffnet sich, Beton der Platte bröckelt ab.

Bruchursache ist die Überschreitung der Streckgrenze.

Balken 19a.   Höchstlast P = 16,0 t.   Riß in der Mitte öffnet sich.

Balken 19b.   Höchstlast P = 16,6 t.   Riß in Mitte öffnet sich.

Bruchursache ist die Überschreitung der Streckgrenze.

Balken 20a.   Höchstlast P = 16,5 t.   Riß in Mitte öffnet sich.

Balken 20b.   Höchstlast P = 17,0 t.   Riß in Mitte öffnet sich. Zunder an mehreren Eisen abgesprungen.

Bruchursache ist die Überschreitung der Streckgrenze.

Die Rißbildungen und Brucherscheinungen aller Balken sind aus den Abb. 66—85 zu ersehen.

9. Höchstlasten und Bruchspannungen.

In der Tabelle 10 sind die unter den Höchstlasten P der Stempel entstehenden Druckspannungen σ_b im Beton, Eisenspannungen σ_e in der Schwerpunktslage der Längsbewehrung, Betonschubspannungen τ_0 im Steg und Eisenzugspannungen σ_{es} in den Schrägeisen dargestellt. σ_b und σ_e sind unter den üblichen Annahmen für Plattenbalken mit Vernachlässigung der Zugspannungen im Beton und mit n = 15 berechnet:

$$x = \frac{b\,d^2 + 2\,n\,f_e\,h}{2\,(b\,d + n\,f_e)}$$

$$y = \frac{d\,(3\,x - 2\,d)}{3\,(2\,x - d)}$$

$$h_0 = h - y$$

$$\sigma_e = \frac{M}{h_0\, f_e}$$

$$\sigma_b = \frac{x}{n\,(h - x)} \cdot \sigma_e$$

τ_0 ist die rechnungsmäßige Schubspannung bei Nichtberücksichtigung der Schräg- und Bügelbewehrung aus der Beziehung $\tau_0 = Q : b_0\, h_0$. Die Zugspannung σ_{es} in den Schrägeisen ist unter der Annahme ermittelt, daß sämtliche aus den Querkräften $Q = P$ entstehenden Schrägkräfte durch die schiefen Eisenstäbe (ohne Bean-

Tabelle 10.

Höchstspannungen im Eisen und Beton (kg/qcm).

Balken	Bruch			σ_b	σ_e	$\dfrac{\sigma_e}{\sigma_s}$	τ_0	σ_{es}	σ_{wd}	σ_s
	P in t	Ur- sache	P Mittel in t							
1 a	11,3	S		152	2320	0,98	28,9	—	249	2440
1 b	12,3	S	11,80	164	2520	1,03	31,6	—		
2 a	12,0	M		160	2460	1,01	30,8	—	214	
2 b	12,5	M	12,25	167	2560	1,05	32,0	—		
3 a	9,0	K		118	1840	0,66	22,8	1940	214	2790
3 b	8,0	K	8,50	105	1630	0,58	20,3	1730		
4 a	13,9	S(K)		182	2840	1,02	35,2	3020	249	
4 b	13,0	S(K)	13,45	171	2660	0,95	33,0	2820		
5 a	13,3	S		175	2720	0,94	33,8	2880		
5 b	14,6	M	13,95	191	2980	1,07	37,1	3170		
6 a	14,65	M		192	2990	1,07	37,2	3170	209	
6 b	14,0	M	14,33	184	2870	1,03	35,5	3030		
7 a	12,4	K		163	2530	0,91	31,5	2670		
7 b	12,95	K	12,67	170	2650	0,95	32,9	2800		
8 a	14,8	M		194	3030	1,08	37,6	3160		
8 b	14,8	M	14,80	194	3030	1,08	37,6	3160		
9 a	14,4	K		206	3150	1,00	38,4	2760	223	3150
9 b	12,0	K	13,20	172	2630	0,84	32,1	2300		
10 a	14,95	S(K)		214	3270	1,04	40,0	2870		
10 b	14,65	S	14,80	209	3200	1,02	39,0	2820		
11 a	14,5	S		207	3180	1,01	38,7	2780	249	
11 b	15,0	S(M)	14,75	214	3280	1,04	40,1	2880		
12 a	14.5	S(M)		207	3170	1,01	38,7	2780		
12 b	14,4	S	14,45	206	3150	1,00	38,4	2760		
13 a	13,95	K		200	3060	0,97	37,3	2680		
13 b	15,0	K	14,48	214	3280	1,04	40,1	2880		
14 a	15,0	M		214	3280	1,04	40,1	2880	252	
14 b	15,7	M	15,35	224	3430	1,09	41,8	3020		
15 a	15,2	K		215	3240	0,95	40,5	3040	252	3400
15 b	15,1	K	15,15	214	3220	0,95	40,2	3020		
16 a	16,3	M(S)		231	3480	1,02	43,4	3270	270	
16 b	17,3	M	16,80	245	3690	1,08	46,1	3460		
17 a	16,75	M		238	3570	1,05	44,6	3350		
17 b	16,4	S(M)	16,57	233	3500	1,03	43,4	3280		
18 a	15,8	M		224	3370	0,99	42,1	3160		
18 b	16,6	M	16,20	235	3540	1,04	44,2	3320		
19 a	16,0	M		227	3420	1,01	42,6	3200	273	
19 b	16,6	M	16,30	235	3540	1,04	44.2	3320		
20 a	16,5	M		233	3520	1,03	44,0	3300		
20 b	17,0	M	16,75	241	3630	1,07	45,3	3400		

spruchung des Betons und der Bügel) aufgenommen werden:

$$\sigma_{es} = \frac{Pa}{h_0 \sqrt{2} \cdot f_{es}}$$

σ_s ist die an Probestäben ermittelte Streckgrenze der Eisenstäbe, σ_{wd} die an Würfeln ermittelte Druckfestigkeit des Betons.

M bedeutet den durch die Biegungsmomente in der Mitte der Balken hervorgerufenen Bruch infolge Überwindung der Streckgrenze der Längseisen, S den durch die Scherkräfte erzeugten Bruch infolge schiefer Risse und K den durch Zerspalten der Köpfe entstandenen Bruch der Balken.

Als beachtenswert ist außerdem das Verhältnis der Schwerpunktseisenspannung σ_e zur Streckgrenze σ_s angegeben.

Tabelle 11.

Rechnerische Gleit- und Verbundspannungen unter den Höchstlasten.

Balken Nr.		Höchstlast in t	τ_1	τ_{2u}	τ_{20}	τ_{3u}	τ_{30}	τ_4	Bruch- ursache	Verbundziffern τ_v
1	a	11,3	23,1	23,1	—	15,2	—	—	S	—
	b	12,3	25,2	25,2	—	16,6	—	—	S	—
2	a	12,0	24,5	24,5	—	16,2	—	—	M	—
	b	12,5	25,5	25,5	—	16,8	—	—	M	—
3	a	9,0	45,2	14,9	24,8	10,3	15,0	—	K	15,0
	b	8,0	40,2	13,2	22,1	9,2	13,3	—	K	13,3
4	a	13,9	69,8	22,9	38,4	15,8	23,2	—	S(K)	23,2
	b	13,0	65,2	21,4	35,9	14,8	21,7	—	S(K)	21,7
5	a	13,3	66,8	21,9	36,8	15,2	22,2	—	S	22,2
	b	14,6	73,1	24,1	40,3	16,6	24,4	—	M	über 24,4
6	a	14,65	73,5	24,2	40,5	16,7	24,5	—	M	,, 24,5
	b	14,0	70,4	23,1	38,7	15,9	23,3	—	M	,, 23,3
7	a	12,4	62,2	20,4	.	14,1	.	—	K	14,1
	b	12,95	65,1	21,4	.	14,8	.	—	K	14,8
8	a	14,8	74,2	24,4	.	16,9	.	—	M	—
	b	14,8	74,2	24,4	.	16,9	.	—	M	—
9	a	14,4	97,6	21,7	27,0	16,0	18,2	.	K	18,2
	b	12,0	81,5	18,1	22,5	13,3	15,1	.	K	15,1
10	a	14.95	101,0	22,6	28,0	16,6	18,8	22,6	S(K)	22,6
	b	14,65	99,4	22,1	27,4	16,3	18,4	22,2	S	22,2
11	a	14,5	98,4	21,9	27,2	16,1	18,3	21,8	S	21,8
	b	15,0	102,0	22,7	28,1	16,7	18,9	22,6	S(M)	22,6
12	a	14,5	98,4	21,9	27,2	16,1	18,3	21,8	S(M)	21,8
	b	14,4	98,0	21,7	27,0	16,0	18,2	21,7	S	21,7
13	a	13,95	94,8	21,1	.	15,5	.	.	K	15,5
	b	15,0	102,0	22,7	.	16,5	.	15,0	K	15,0
14	a	15,0	102,0	22,7	.	16,6	.	15,0	M	—
	b	15,7	106,3	23,7	.	17,4	.	15,7	M	—
15	a	15,2	64,7	18,3	27,4	13,8	18,7	.	K	18,7
	b	15,1	64,3	18,1	27,2	13,7	18,6	.	K	18,6
16	a	16,3	69,4	19,6	29,4	14,7	20,1	23,0	M(S)	23,0
	b	17,3	73,7	20,8	31,2	15,7	21,3	24,3	M	über 24,3
17	a	16,75	71,3	20,2	30,2	15,2	21,6	23,6	M	,, 23,6
	b	16,4	69,8	19,7	29,6	14,8	20,2	23,1	S(M)	23,1
18	a	15,8	67,3	17,8	28,5	14,3	19,5	.	M	—
	b	16,6	70,7	20,0	29,9	15,0	20,4	23,3	M	über 23,3
19	a	16,0	68,1	19,2	.	14,5	.	.	M	,, 14,5
	b	16,6	70,7	20,0	.	15,0	.	13,2	M	,, 13,2
20	a	16,5	70,3	19,8	.	14,9	.	13,1	M	—
	b	17,0	72,4	20,4	.	15,4	.	13,5	M	—

Tabelle 12.

Rechnungsmäßige Verbundziffern. τ_v

Balken	$\delta = 26$		20		16 mm		Gesamt-mittel
	einzeln	Mittel	einzeln	Mittel	einzeln	Mittel	
Ohne Querbewehrung . .	13,3 — 15,0	14,3	15,0 — 18,2	16,0	18,6 — 18,7	18,6	15,5
Mit Querbewehrung . . .	21,7 — 24,5	23,2	21,7 — 22,6	22,1	23,0 — 24,3	23,5	22,9

Die aus dem Eigengewicht der Balken entstehenden Spannungen betragen $\sigma_e = 28$ und $\sigma_b = 2$ kg/qcm und vermindern die Stempellastspannungen. Die Verminderung ist in der Tabelle nicht berücksichtigt.

Die unter den Höchstlasten berechneten Gleitwiderstände, bzw. Verbundspannungen sind in der Tabelle 11 zusammengestellt. Die Ermittlung erfolgte nach mehreren Methoden und zwar:

1. Nach den preußischen Bestimmungen aus $\tau_1 = Q : h_0$ u. worin u den Umfang der am Auflager in Betracht kommenden unteren Eiseneinlagen bedeutet.

2. Aus der in dem betrachteten Eisen mit Berücksichtigung seiner Lage wirkenden Zugkraft Z und der ihm zukommenden Einbettungslänge e nach der Beziehung $\tau_2 = Z : e$ u. Die so erhaltenen Spannungen für die unteren, bzw. geraden Eisen sind mit τ_{2u}, jene für die oberen, bzw. ersten aufgebogenen Eisen mit $\tau_{2\,0}$ bezeichnet.

3. Nach den österreichischen Bestimmungen wie 2) mit Berücksichtigung der Eisenlage, der Haken und Überlängen, wobei die Rundhaken entsprechend dieser Vorschrift mit einer Überlänge c $= 12\delta$ in Rechnung gesetzt sind. Die Spannungen sind analog 2) mit τ_{3u} und $\tau_{3\,0}$ bezeichnet und

4. wie unter 3) für $\tau_{3\,0}$, jedoch unter der Annahme, daß in den oberen Eisen die Schwerpunktsspannung wirke, was dann der Fall ist, wenn die mittlere Eisenspannung die Streckgrenze überschritten hat. Diese Spannung ist mit τ_4 bezeichnet.

Die nach 3) und 4) ermittelten Höchstspannungen in jenen Balken, deren Bruch infolge der Querkräfte erfolgt ist, wird die Verbundfestigkeit oder Verbandziffer τ_v genannt.

In der Tabelle 12 sind die rechnungsmäßigen Verbundziffern für die verschiedenen Balkenbewehrungen zusammengefaßt.

10. Vergleich der Tragfähigkeiten.

a) Balken 1 und 2 mit geraden Längseisen mit Haken.

Bei keinem dieser 4 Balken fand eine Zerstörung des Verbundes in den Balkenköpfen statt. Der Bruch erfolgte bei den Balken Nr. 1 (Umschnürung der Köpfe, sonst keine Bügel) durch Überwindung des Schubwiderstandes (Abb. 89). Die Höchstlast blieb jedoch nur unwesentlich hinter jener der Reihe 2 zurück, bei welchen der Bruch durch Überwindung der Streckgrenze des Eisens in Balkenmitte eintrat. Bei Verwendung höher wertigen Eisens wäre die Bruchlast zweifellos größer gewesen und der Bruch allenfalls durch Zerspalten der Köpfe oder durch schiefe Risse erfolgt, wie dies bei den Balken der Reihen 15—22 des Deutschen Ausschusses für Eisenbeton (Versuche von Bach und Graf, Heft 10) der Fall gewesen ist; bei diesen stieg die Spannung im Eisen (Stahl) bis 2745 kg/qcm (im Mittel) bei einer Streckgrenze von 3065 kg/qcm (im Mittel) und einer Zugfestigkeit von 5247 kg/qcm (im Mittel). Zweifellos hat sich die Umschnürung der Köpfe in den Balken Nr. 1 als besonders wirksam erwiesen und reichte trotz des Fehlens der Bügel in dem querkraftgefährdeten Balkenteil zur Erzielung der möglichen Höchstlast nahezu aus.

Bemerkenswert ist die Größe der nach dem gewöhnlichen Rechenverfahren ermittelten Schubspannung von 28,9—31,6 kg/qcm (s. Tabelle 10), trotzdem die Hauptzugfestigkeit schon beim Auftreten der ersten Schrägrisse ($\tau_0 =$ 12,8 kg/cm, Tabelle 6) überwunden war. Balken mit Eisen ohne Haken und ohne Bügel erreichen bei $\tau_0 = 13,0$ kg/qcm ihre Höchstlast (vgl. die Reihen 1—3 des deutschen Ausschusses, H. 10, Stegbreite $b_0 = 20,15$ und 30 cm, $\tau_0 = 13,0$, 13,2 und 12,8 kg/qcm). Wenn der Bruch der Balken mit Hakeneisen (Reihe 7 in Heft 10, D. A.) bei $\tau_0 = 20,1$ kg/qcm, jener der Balken mit Hakeneisen und Kopfumschnürung (Balken Nr. 1 des Verfassers) erst bei $\tau_0 = 30,2$ kg/qcm (im Mittel) erfolgt, also letzter $2\frac{1}{2}$ mal größeren Schubwiderstand zeigte, ohne daß Mittel zur Erhöhung des Schubwiderstandes an sich angewendet sind, so ist dies nur denkbar, wenn nach der Schrägrißbildung (Abb. 86) und infolge der Ankerwirkung der Zugeisen ein neues statisches Gebilde entsteht, etwa ein Bogenträger mit Zuggurt (Abb. 87—88). Tatsächlich erfolgt durch die lotrechten und schrägen Risse die Ausschaltung von Querschnittsteilen, sodaß die Voraussetzung der einheitlichen Wirkung von Beton und Eisen und damit auch das Merkmal des Balkens verloren geht. Die Tragkraft ist dann innerhalb der durch Eisenzug- und Betondruckfestigkeit gegebenen Grenzen wie beim Gewölbe von der

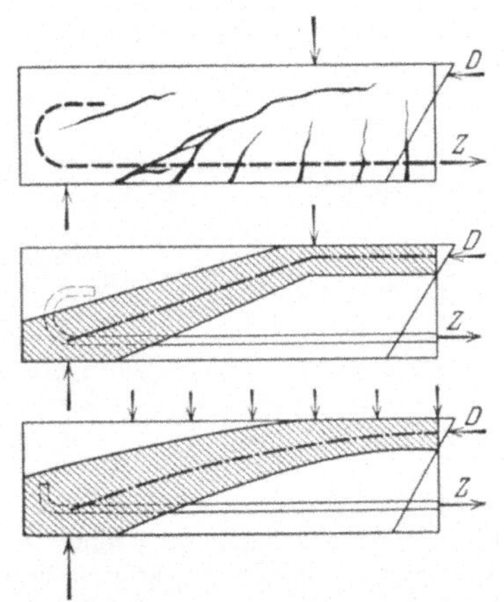

Abb. 86—88. Kennzeichnende Rißbildung im längsbewehrten Eisenbetonbalken (oben) und entstehende Gewölbewirkung bei Einzellasten (Mitte) und verteilter Last (unten).

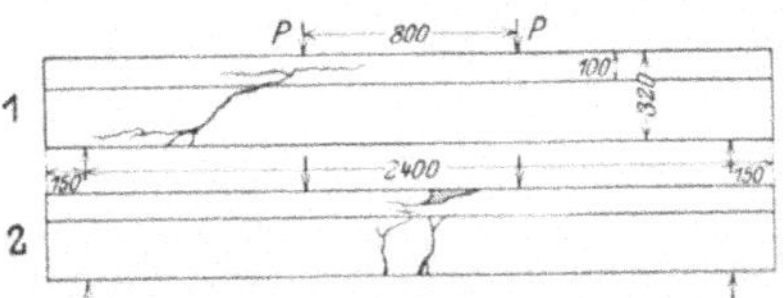

Abb. 89. Kennzeichnende Bruchrisse in den Balken Nr. 1 und 2 (Längseisen 32 mm).

Güte der Verankerung und vom lotrechten Scherwiderstand des Betons abhängig (Schubfestigkeit aus den Balkenversuchen Nr. 1 ist 28,9 — 31,6. aus der nachgewiesenen Druck- und Zugfestigkeit berechnet 25,6 — 31,2 kg/qcm).

Die hier angezogenen Versuchsergebnisse zeigen auch, daß der reine Scherwiderstand des Betons im Balken in erster Linie nicht zur Geltung gelangen kann; es ist vielmehr im wesentlichen auch durch die Querkräfte eine schiefe Beanspruchung auf Zug vorhanden. Der Widerstand des Betons im Balken ist daher mit der Zugfestigkeit erschöpft (Zugfestigkeit $\sigma_z = 12,6$ kg/qcm).

Bezeichnet man die Tragfähigkeit eines Balkens mit geraden Eisen ohne Haken und ohne Bügel mit 1 so ist die Tragkraft bei geraden Eisen ohne Haken mit

Bügeln (Reihen 4—6 in Heft 10 D. A.) 1,2

mit Haken ohne Bügel (Reihe 7 in Heft 10 D. A.) 1,6

mit Haken und mit Kopfumschnürung (Balken Nr. 1 des Verfassers). 2,3

mit Haken und mit Bügeln (Balken Nr. 2, ferner Reihe 15 D. A.) 2,5

und mehr.

b) Balken mit Schrägeisen ohne Querbewehrung
(Nr. 3, 7, 9, 13, 15 und 19).

Alle Balken ohne Umschnürung und ohne Bügel, mit Ausnahme der Balken Nr. 19 erreichten ihre Höchstlast beim Zerspalten der Balkenköpfe, also durch Versagen der Rundhakenverankerung und Lösung des Verbundes (Abb. 90—92). Auffallend ist die verhältnismäßige Ungleichheit der Bruchlasten bei Balken gleicher Bauart. Auch bei den diesbezüglichen Versuchen des Deutschen Ausschusses (Heft 10, 12 und 20) ist vielfach die gleiche Erscheinung vorhanden. Es liegt die Vermutung nahe, daß gewisse nicht ausschaltbare Ungleichmäßigkeiten des Betons hier von ziemlicher Bedeutung sind, ähnlich wie dies von den Säulen bekannt ist.

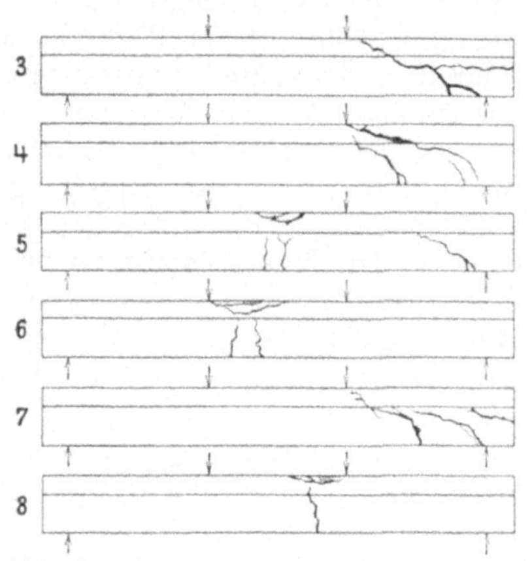

Abb. 90. Kennzeichnende Bruchrisse in den Balken Nr. 3—8 (Längseisen 26 mm).

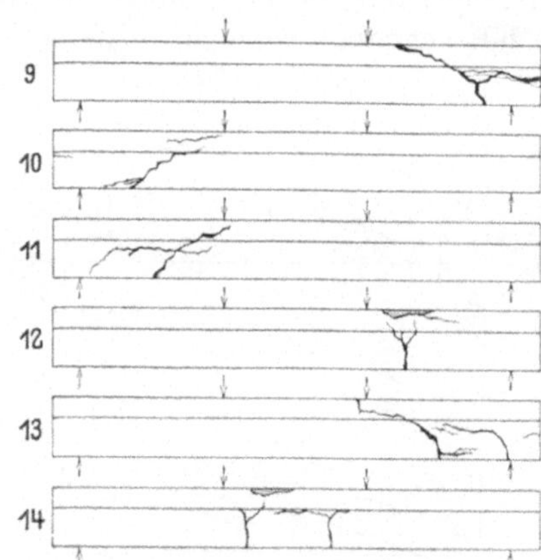

Abb. 91. Kennzeichnende Bruchrisse in den Balken Nr. 9—14 (Längseisen 20 mm).

Als Maßstab für die Güte der Bewehrung kann das Verhältnis der Schwerpunkts-Eisenspannung σ_e zur höchstmöglichen Spannung, d. i. zur Streckgrenze σ_s gelten (vgl. Tabelle 10), oder, da die Streckgrenzen der Eisen verschieden sind, zu einem Mittelwert, der mit $\sigma_{sm} = 3000$ kg/qcm angenommen werde; er entspricht einer Bruchspannung von 3000 kg/qcm, wenn bei 3 facher Sicherheit die zulässige Eisenbeanspruchung 1000 kg/qcm beträgt.

Bei den Balken, deren Eisenhaken z. T. vor dem Balkenende liegen, ergeben sich folgende Verhältnisse (im Mittel):

$$\text{Balken Nr.} \quad 3, \quad \text{Rundeisen } \delta = 26 \text{ mm}, \quad \sigma_e : \sigma_{sm} = 0{,}58$$
$$\text{„} \qquad\quad 9, \qquad\quad \text{„} \qquad\quad 20 \text{ „} \qquad \text{„} \quad = 0{,}96$$
$$\text{„} \qquad\quad 15, \qquad\quad \text{„} \qquad\quad 16 \text{ „} \qquad \text{„} \quad = 1{,}07$$

Die Balken, deren sämtliche Eisen bis in die Köpfe reichen, weisen folgende Verhältnisse auf:

$$\text{Balken Nr.} \quad 7, \quad \text{Rundeisen } \delta = 26 \text{ mm}, \quad \sigma_e : \sigma_{sm} = 0{,}86$$
$$\text{„} \qquad\quad 13, \qquad\quad \text{„} \qquad\quad 20 \text{ „} \qquad \text{„} \quad = 1{,}05$$
$$\text{„} \qquad\quad 19, \qquad\quad \text{„} \qquad\quad 16 \text{ „} \qquad \text{„} \quad > 1{,}16$$

Bei den Balken Nr. 19 ist der Bruch durch die Biegungsmomente hervorgerufen; die Verankerung der Haken hielt stand.

Der Vergleich der Balken Nr. 3, 9 und 15 mit Nr. 7, 13 und 19 zeigt, daß die Bewehrung der letzteren weit vorteilhafter ist. Die Ursache liegt zweifellos in der größeren Einbettungslänge der Schrägeisen und in der wirksameren Verankerung der Haken im Balkenende als in der bereits durch die Normalkräfte beanspruchten Platte.

Bildet man die Verhältnisse $v = \dfrac{1}{\delta} \cdot \dfrac{\sigma_{sm}}{\sigma_e}$, so ist für

$$\begin{array}{llllll}
\text{Balken Nr.} & 3 & v = 159, & \text{Balken Nr.} & 7 & v = 107 \\
\text{,,} & 9 & = 125, & \text{,,} & 13 & = 114 \\
\text{,,} & 15 & = 140, & \text{,,} & 19 & < 129
\end{array}$$

d. h. der Verbund der Balken mit Eisenhaken z. T. vor den Balkenenden erschiene

gewährleistet, wenn $\dfrac{1}{\delta} = 125$ bis 159, im Mittel 141 ist; in Balken mit sämtlichen

Eisen bis zum Ende, wenn $\dfrac{1}{\delta} = 107$ bis 129, im Mittel 117. Ähnliche Ergebnisse zeigen

die Versuche des D. A. Heft 12 und 20, welche an anderer Stelle herangezogen werden.

c) Balken mit Kopfumschnürung (Nr. 4, 10 und 16).

Mit Ausnahme der Balken Nr. 16 erfolgte der Bruch in schiefen Rissen in den äußeren Balkendritteln, z. T. begleitet von einem beginnenden Zerspalten der Köpfe (Abb. 90—92). Die schiefen Risse sind offenbar nur eine Folge des Nachgebens der Hakenverankerung. Sämtliche Balken weisen wesentlich höhere Bruchlasten auf als die sonst gleichen Balken ohne Kopfumschnürung und übertreffen auch die Balken ohne Querbewehrung, deren sämtliche Eisen bis in die Köpfe reichen. Der Einfluß der Kopfumschnürung erweist sich in den Balken mit stärkeren Längseisen größer als in jenen mit schwächeren Eisen. Bei den 16 mm dicken Eisen gelangte die Wirkung der Kopfbewehrung nicht mehr voll zum Ausdruck, da einer dieser Balken (Nr. 16b) bereits durch die Biegungsmomente zerstört wurde. Mit Ausnahme des Balkens Nr. 4b wurde indessen durchweg die Streckgrenze des Eisens überschritten. Die Verhältnisse $\sigma_e : \sigma_{sm}$ ergeben sich wie folgt:

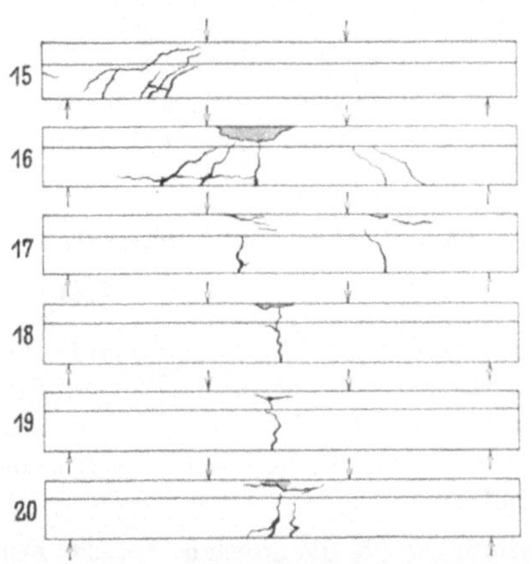

Abb. 92. Kennzeichnende Bruchrisse in den Balken Nr. 15—20 (Längseisen 16 mm).

$$\begin{array}{lllll}
\text{Balken Nr.} & 4, \text{ Rundeisen } \delta = 26 \text{ mm}, & \sigma_s : \sigma_{sm} & = 0{,}95 \text{ bis } 0{,}89, & \text{im Mittel } 0{,}92 \\
\text{,,} & 10, \quad\text{,,}\quad 20 \text{ ,,} & \text{,,} & = 1{,}09 \text{ ,, } 1{,}07, & \text{im Mittel } 1{,}08 \\
\text{,,} & 16, \quad\text{,,}\quad 16 \text{ ,,} & \text{,,} & = 1{,}16 \text{ ,, } > 1{,}23 & \text{im Mittel } 1{,}20
\end{array}$$

Die Verhältnisse $v = \dfrac{1}{\delta}\dfrac{\sigma_{sm}}{\sigma_e}$ betragen im Mittel bei den

$$\begin{array}{lll}
\text{Balken Nr.} & 4 & v = 100 \\
\text{,,} & 10 & = 111 \\
\text{,,} & 16 & < 125
\end{array}$$

Der Verbund erschiene daher bis zu einer Bruchspannung im Eisen von $\sigma_e = 3000$

kg/qcm gewährleistet, wenn $\dfrac{1}{\delta} = 100$ bis 125, im Mittel 112 ist.

Wie die Verhältnisse $\sigma_e : \sigma_{sm}$ und $\sigma_e : \sigma_s$ (vgl. Tabelle 10) angeben, reichte die angewendete Kopfbewehrung bei den 26 mm dicken Stäben (Balken Nr. 4) zur Erzielung der größtmöglichen Tragkraft nicht vollständig aus. Da, wie bereits erwähnt, der Bruch eine Folge des ungenügenden Widerstandes der Köpfe war, ist es wahrscheinlich, daß eine stärkere Querbewehrung die Tragkraft erhöht haben würde. Die Steigerung der Höchstlasten gegen jene der gleichen Balken ohne Querbewehrung beträgt im Mittel bei den Balken mit

$$\text{Rundeisen } \delta = 26 \text{ mm} \quad \frac{13,45 - 8.5}{8,50} = 58,3\% \text{ (Nr. 4 und 3)}$$

$$\text{,,} \qquad = 20 \quad \text{,,} \quad \frac{14,80 - 13,20}{13,20} = 12,1\% \text{ (Nr. 10 und 9)}$$

$$\text{,,} \qquad = 16 \quad \text{,,} \quad \frac{16,80 - 15,15}{15,15} = 10,9\% \text{ (Nr. 16 und 15)}$$

Die Zunahme der Höchstlasten gegen die Balken ohne Querbewehrung, aber mit sämtlichen bis in die Köpfe reichenden Längsstäben, ist bei den Balken mit

$$\text{Rundeisen } \delta = 26 \text{ mm} \quad \frac{13,45 - 12,67}{12,67} = 6,2\% \text{ (Nr. 4 und 7)}$$

$$\text{,,} \qquad = 20 \quad \text{,,} \quad \frac{14,80 - 14,48}{14,48} = 2,2\% \text{ (Nr. 10 und 13)}$$

$$\text{,,} \qquad = 16 \quad \text{,,} \quad \frac{16,80 - 16,30}{16,30} = 3,0\% \text{ (Nr. 16 und 19)}$$

Bemerkenswert ist, daß die Kopfumschnürung bei den schwächsten Längseisen (Balken Nr. 16) die höchste Bruchlast aller untersuchten Balken ergab.

d) Balken mit Bügeln und Eisenhaken vor den Enden (Nr. 5, 11 und 17).

Der Bruch erfolgte bei diesen Balken nahe der Erschöpfung der Streckgrenze der Eisenstäbe oder durch Überschreiten derselben. 3 Balken erreichten die Höchstlast unter sich öffnenden Schrägrissen und 3 unter Biegezugrissen. Bei den Balken mit 26 und 20 mm dicken Längseisen kamen beide Brucherscheinungen zum klaren Ausdruck.

Balken Nr. 5, Rundeisen $\delta = 26$ mm,

$$\sigma_e : \sigma_{sm} = 0,91 \text{ bis} > 0,99, \text{ im Mittel} > 0,95$$

Balken Nr. 11, Rundeisen $\delta = 20$ mm,

$$\sigma_e : \sigma_{sm} = 1,06 \text{ bis } 1,09 \text{ im Mittel} = 1,08$$

Balken Nr. 17, Rundeisen $\delta = 16$ mm,

$$\sigma_e : \sigma_{sm} = 1,17 \text{ bis} > 1,19, \text{ im Mittel} > 1,18$$

Die Verhältnisse $v = \dfrac{1}{\delta} \dfrac{\sigma_{sm}}{\sigma_e}$ sind bei den

$$\text{Rundeisen } \delta = 26 \text{ mm}, \quad v < 97$$
$$\text{,,} \qquad 20 \quad \text{,,} \qquad = 111$$
$$\text{,,} \qquad 16 \quad \text{,,} \qquad < 127$$

Verbundsicherheit erschiene daher gewährleistet, wenn $\dfrac{1}{\delta} \lessgtr 97$ bis 127, im Mittel 111 ist. Der Wert der Bügel ist darnach bei den stärkeren Längseisen größer als jener der Kopfumschürung, bei den schwächeren Längseisen etwas kleiner. Im Mittel haben beide angewendete Bewehrungsarten den gleichen Erfolg, wobei jedoch zu beachten ist, daß das erforderliche Gewicht an Bügeln größer als jenes der Kopfumschnürung ist. Welchen Anteil die Splinte bei dieser Bewehrungsart haben, ist aus diesen Versuchen nicht ersichtlich (vgl. Tabelle 4).

e) Balken mit Bügeln, Splinten und Plattenbewehrung (Nr. 6, 12 und 18).

Unter den Höchstlasten wurde die Streckgrenze erreicht oder überschritten. Die Verhältnisse $\sigma_e : \sigma_{sm}$ sind:

Balken Nr. 6, Rundeisen $\delta = 26$ mm,
$$\sigma_e : \sigma_{sm} > 0,96 \text{ bis } 1,00, \text{ im Mittel} > 0,98$$

Balken Nr. 12, Rundeisen $\delta = 20$ mm,
$$\sigma_e : \sigma_{sm} = 1,05 \text{ bis } 1,06, \text{ im Mittel} = 1,06$$

Balken Nr. 18, Rundeisen $\delta = 16$ mm,
$$\sigma_e : \sigma_{sm} > 1,13 \text{ bis } 1,18, \text{ im Mittel} > 1,16$$

Die Werte $v = \dfrac{1}{\delta}\,\dfrac{\sigma_{sm}}{\sigma_e}$ betragen < 94, 113, < 129, im Mittel < 112. Eine allerdings unwesentliche Steigerung der Höchstlasten ist bloß bei den 26 mm starken Rundeisen vorhanden. Die Versplintung übte also bei den dicken Längseisen eine vorteilhafte Wirkung aus. Bei den dünneren Längseisen ist ein kleiner Abfall der Tragkraft vorhanden. Diese Tatsache ist wahrscheinlich durch eine Verminderung der Betongüte zu erklären, welche, wie auch andere Versuche zeigen, eine Folge der bei vermehrter Eiseneinlage erschwerten Stampfarbeit sein dürfte.

f) Balken mit Bügeln und sämtlich bis in die Köpfe reichenden Längseisen (Nr. 8, 14 und 20).

Durch die Höchstlasten wird bei allen Balken die Streckgrenze überschritten und der Bruch erfolgt durchweg in der Mitte durch die Wirkung der Biegungsmomente (Abb. 90—92). Bei den Balken mit 26 und 20 mm dicken Eisenstäben ist ausgeprägte Überlegenheit gegen die anderen Bewehrungsarten vorhanden; bei jenen mit 16 mm dicken Eisen bietet diese Bewehrung keinen Vorteil mehr. Schubwiderstand und Verbund sind am besten, und naturgemäß gelangt diese Eigenschaft bei den dickeren Eisen zur stärksten Geltung.

Die Zunahme der Höchstlasten der Balken Nr. 8, 14 und 20 gegen jene der gleichen Bauart ohne Bügel (Nr. 7, 13 und 19) beträgt:

$$\text{Rundeisen } \delta = 26 \text{ mm} \quad \frac{14,80 - 12,67}{12,67} = 16,9\%$$

$$\text{,,} \qquad = 20 \text{ ,,} \quad \frac{15,35 - 14,48}{14,48} = 6,0\%$$

$$\text{,,} \qquad = 16 \text{ ,,} \quad \frac{16,75 - 16,30}{16,30} = 2,7\%$$

Die mittlere Bruchlast erhebt sich gegen jene der stärksten anderen Balken um 3,3, 3,7 und 0,0%. Das Verhältnis $v = \dfrac{1}{\delta}\,\dfrac{\sigma_{sm}}{\sigma_e}$ bei Balken Nr. 8 ist kleiner als 91; es erscheint also volle Verbundsicherheit gewährleistet, wenn $1 : \delta = 91$ beträgt.

g) Zusammenfassung.

Die Güte der verschiedenen Bewehrungen hinsichtlich des Widerstandes gegen die Querkräfte ist in der Tabelle 13 dargestellt. Wo der Bruch infolge der Biegungsmomente eintrat, ist dies durch M bezeichnet. Die angegebenen Verhältnisse $\sigma_e : \sigma_{sm}$ sind die Kleinstwerte aus dem betreffenden Versuchspaar. In der letzten Reihe sind jene Verhältnisse 1 : δ enthalten, für welche bis zur Eisenspannung $\sigma_{sm} = 3000\,\mathrm{kg/qcm}$ der Verbund gesichert erscheint.

Tabelle 13.

Güteziffern der Bewehrungen.

Balken	Verhältnisse $\sigma_e : \sigma_{sm}$ bei				$\dfrac{1}{\delta}$
	$\delta = 32$	26	20	16 mm	
Ohne Querbewehrung . . . Nr. 3, 9, 15	—	0,54	0,88	1,07	141
7, 13, 19	—	0,84	1,02	M	117
Mit Kopfumschnürung . . Nr. 1, 4, 10, 16	0,77	0,89	1,07	1,16	112
Mit Bügeln . . . . Nr. 5, 11, 17	—	0,91	1,06	1,17	111
Mit Bügeln und Splinten . Nr. 6, 12, 18	—	M	1,05	M	112
Mit Bügeln, alle Eisen bis Balkenende . . . . . . Nr. 2, 8, 14, 20	M	M	M	M	91

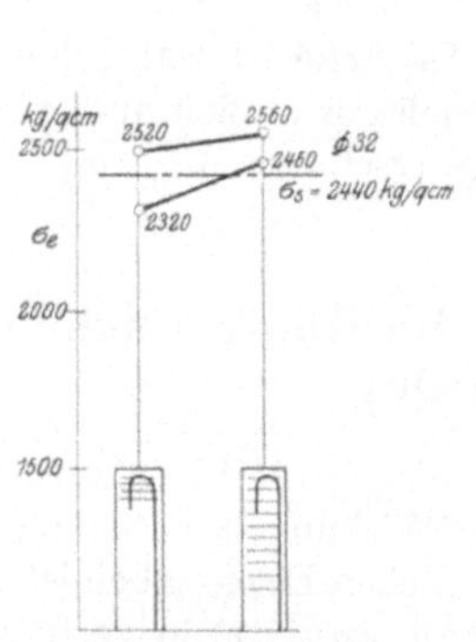

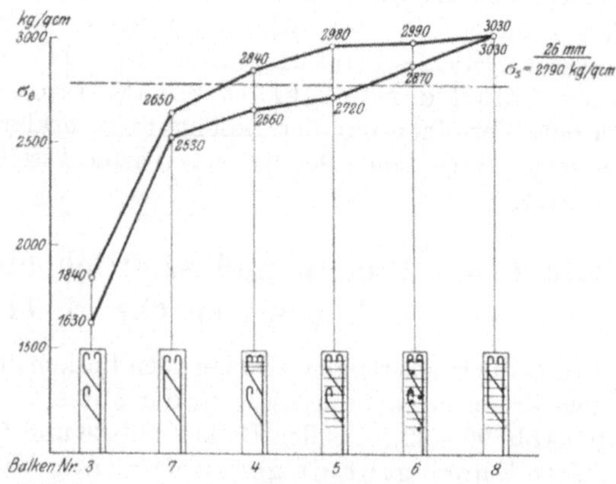

Abb. 93. Eisenspannungen beim Bruch der Balken Nr. 1 und 2.   Abb. 94. Schaubild der höchsten Eisenspannungen in den Balken Nr. 3—8. Die wagerechte Linie stellt die Streckgrenze der Längseisen (26 mm) dar.

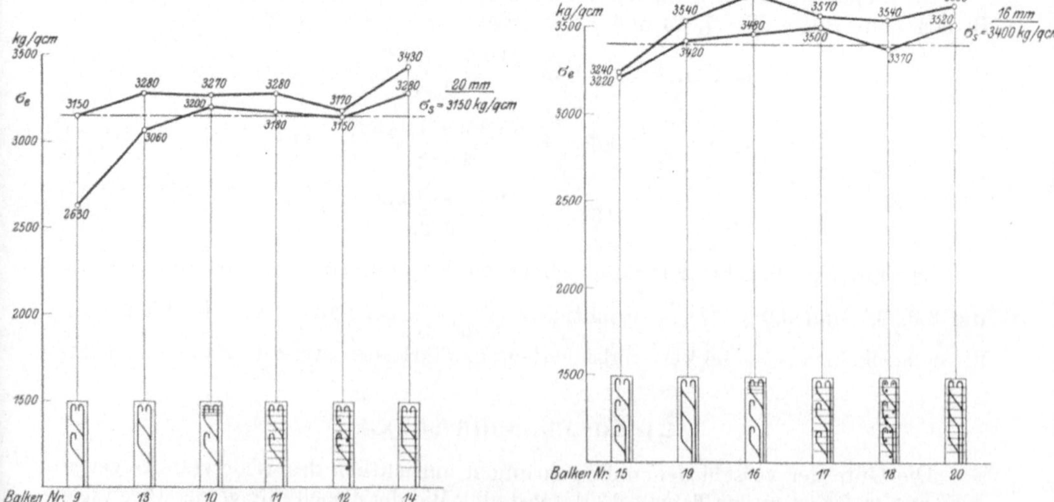

Abb. 95 und 96. Schaubilder der höchsten Eisenspannungen in den Balken Nr. 9—14 (links) und Nr. 15—20 (rechts). Die wagrechten Linien stellen die Höhe der Streckgrenze der Längseisen (20 und 16 mm) dar.

Tabelle 14.

Eisengewichte und Tragfähigkeiten auf 1 kg Eisen.

| Balken Nr. | Eisengewicht in einem Balken in kg | | | | | | | | Stempel- höchst- last auf 1 kg Eisen |
	Längs- eisen	Kopfum- schnü- rung	Haken- um- schnü- rung	Splinte	Bügel	Füh- rungs- eisen	Quer- eisen	Gesamt- gewicht	
1	39,2	12,0	—	2,0	—	—	—	53,2	213 **232**
2	39,2	—	—	2,0	11,8	2,1	2,7	57,8	207 216
3	35,9	—	—	—	—	—	—	35,9	251 223
4	35,9	5,4	0,6	9,4	—	—	—	51,3	267 249
5	35,9	—	—	—	8,7	—	—	44,6	298 328
6	35,9	—	—	9,4	8,0	2,1	2,7	58,1	250 239
7	38,4	—	—	—	—	—	—	38,4	322 **337**
8	38,4	—	—	—	8,7	—	—	47,1	314 314
9	35,0	—	—	—	—	—	—	35,0	**411** 342
10	35,0	5,4	0,6	9,4	—	—	—	50,4	292 286
11	35,0	—	—	—	8,7	—	—	43,7	331 342
12	35,0	—	—	9,4	8,0	2,1	2,7	57,2	263 262
13	38,4	—	—	—	—	—	—	38,4	364 390
14	38,4	—	—	—	8,7	—	—	47,1	318 333
15	34,3	—	—	—	—	—	—	34,3	**442** 440
16	34,3	5,4	1,3	13,6	—	—	—	54,6	295 312
17	34,3	—	—	—	8,7	—	—	43,0	390 381
18	34,3	—	—	13,6	8,0	2,1	2,7	60,7	258 271
19	39,1	—	—	—	—	—	—	39,1	410 425
20	39,1	—	—	—	8,7	—	—	47,8	345 355

Die Tragfähigkeit ist in allen Fällen, in denen der Bruch aus anderen Gründen nicht schon früher erfolgt, durch eine Eisenspannung begrenzt, welche der Streck- grenze gleich ist oder sie nur verhältnismäßig wenig überschreitet. Eine Übersicht der erreichten Höchstspannungen in der Schwerlinie der Eisen bei den Balken verschiedener Bewehrungen geben die Abb. 93—96.

Der Wert der Gesamtbewehrung der Balken, also ihr wirtschaft- licher Effekt kann durch den Quotienten der Bruchlast und des aufgewendeten Eisengewichtes ausgedrückt werden (Tabelle 14). Aus den Abb. 97 und 98 ist zu erkennen, wann die eine oder andere Bewehrungsart im Vorteil ist. Aus der Abb. 97

ergibt sich insbesondere, daß bei Anwendung starker Längseisen die bügellosen
Balken, deren gesamte Längsbewehrung bis in die Balkenenden reicht, ökonomischer
sind als bügelbewehrte Träger, deren Längseisen nur zum Teil bis in die Köpfe reichen
oder gar solche Balken ohne Bügel. Bei Benützung dünner Längseisen sind die

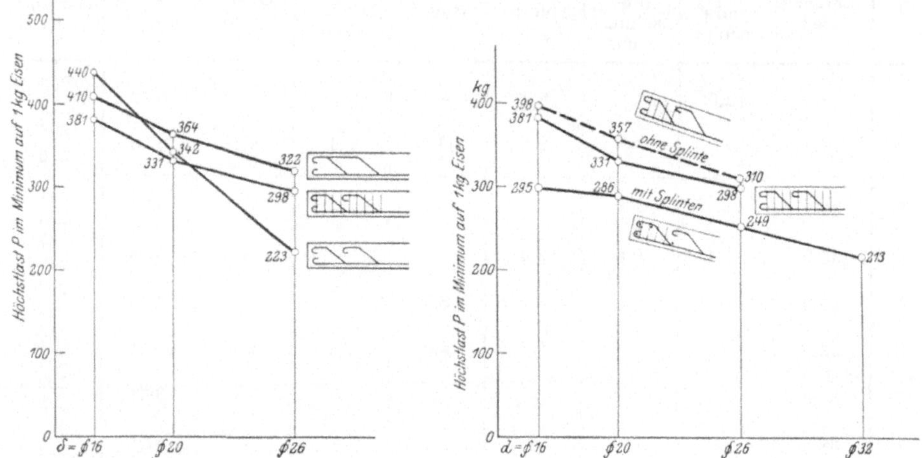

Abb. 97 und 98. Schaubilder der Bruchlasten der Balken auf 1 kg Gesamtbewehrung.

bügellosen Balken stets im Vorteil. Im allgemeinen erweisen sich die mit dünnen
Rundeisen bewehrten Balken bei gleichem Eisenaufwand als wirtschaftlicher denn
jene mit dickeren Eisen (sofern natürlich die Bruchgefahr von den Querkräften
herrührt, und wenn von den vermehrten Herstellungsschwierigkeiten abgesehen wird).

11. Widerstand der Zugzone.

Bei allen untersuchten Balken, deren Bruch infolge der Biegungsmomente im
mittleren Drittel erfolgte, wurde die Höchstlast mit Erreichen oder geringem
Überschreiten der Streckgrenze des Eisens erzielt. Die rechnungsmäßigen
Eisenspannungen in der Schwerlinie der gesamten Längsbewehrung waren, wie aus
der Tabelle 10 und dem Bild 99 ersichtlich ist, um höchstens 9 % größer als die nach-
gewiesene mittlere Streckgrenze. Dies gilt sowohl für die einreihigen als auch
für die doppelreihigen Bewehrungen. Berechnet man die Spannungen der
letzteren für die Mitte der äußeren Eisenlage, so erhält man bis um rund 20 %
die Streckgrenze überschreitende Spannungen. Dieser Sprung deutet zweifellos
darauf hin, daß die Rechnungsspannungen der äußeren Einlage kein vergleichbares
Spannungsbild ergeben, und daß es daher richtiger ist, die Spannungen der
Schwerlinie als maßgebend zu betrachten. Den gleichen Hinweis liefern auch
die in Tabelle 11 enthaltenen Verbundziffern, für die nur dann genügend überein-
stimmende Werte (τ_v) entstehen, wenn — bei Erreichen der Streckgrenze — nicht
mit der aus der Lage der Eisen sich ergebenden Zugkraft, sondern mit einer mittleren
Zugkraft gerechnet wird. Auch die Überlegung führt zum gleichen Ergebnis. Die
Formänderungslinien (Abb. 23, 24 und 100) zeigen, daß die Dehnungen beim Erreichen
der Streckgrenze sehr stark anwachsen. Unter der Annahme, daß der Balkenquerschnitt wenigstens annähernd eben bleibt, müssen daher die Spannungen in der
oberen und unteren Eiseneinlage gleich sein, und zwar so groß wie die Streckgrenze des
Eisens (Abb. 101). Damit ergäbe sich auch, daß die höchst erreichbare tatsächliche

Eisenspannung die Streckgrenze nicht überschreiten kann. Der Mehrwert der Rechnungsspannung ist wie folgt zu erklären:

Die Streckung ε_s weichen Flußeisens beim Erreichen der Fließgrenze beträgt 2 % und mehr (vgl. Abb. 100, entnommen aus Bach, Mitteilungen über Forschungsarbeiten 1905, Heft 29, S. 51 u. f., ferner Abb. 23 und 24 der Formänderungslinien

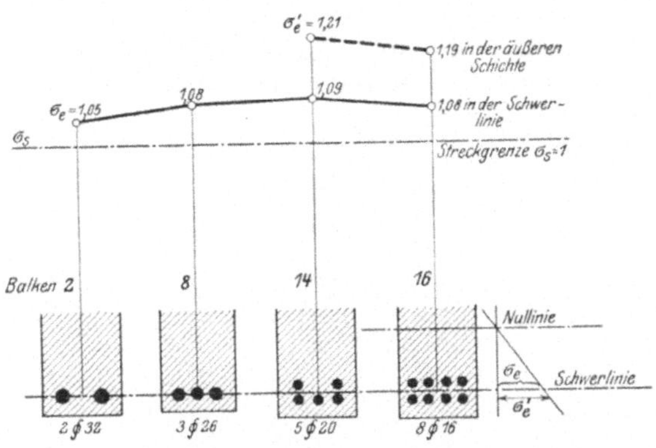

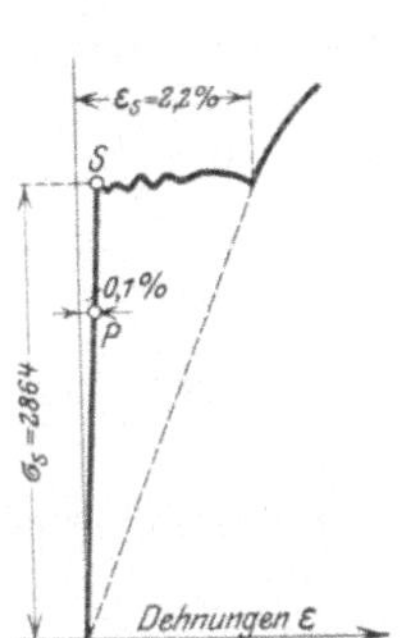

Abb. 99. Im Verhältnis zur Streckgrenze erreichte höchste Eisenspannungen bei verschiedener Stärke und Anordnung der Längsbewehrung.

Abb. 100. Formänderungslinie des Eisens (nach Bach).

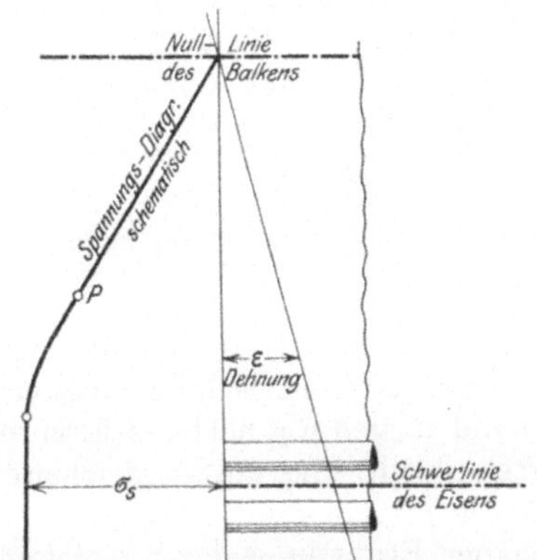

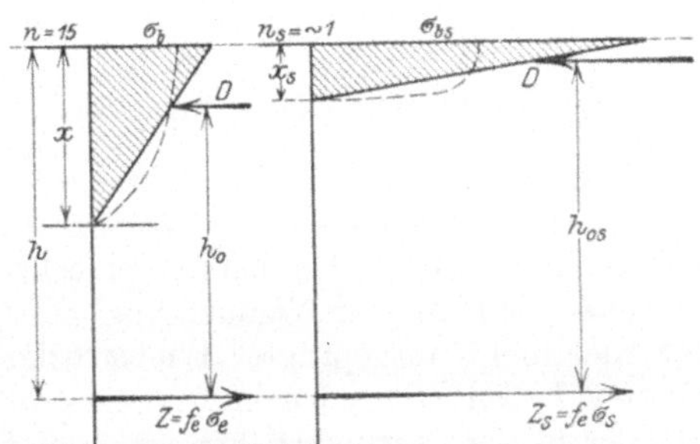

Abb. 101. Spannungen in den Eiseneinlagen bei Erreichen der Streckgrenze.

Abb. 102. Schematische Spannungsverteilung bei n = 15 und im Bruchzustande.

der verwendeten Eisen in den Versuchsbalken des Verfassers). Ist z. B. $\sigma_s = 2700$ kg/qcm, so beträgt der mittlere (scheinbare) Elastizitätsmodul des Eisens am Ende des Streckens

$$E_{es} = \frac{\sigma_s}{\varepsilon_s} = \frac{2700}{0{,}02}, \text{ also } E_{es} = 135\,000 \text{ kg/qcm,}$$

demnach ist

$$n_s = \frac{E_{es}}{E_b} = \frac{135\,000}{140\,000} = \sim 1.$$

Für $\mu = 1{,}5\,\%$ Längsbewehrung in den untersuchten Balken und mit $n = 15$ ist $x = 0{,}498\,h$, $h_0 = 0{,}86\,h$; mit $n_s = 1$ ist $x_s = 0{,}16\,h$, $h_{0s} = 0{,}95\,h$ (siehe Abb. 102).

Da

$$\sigma_e = \frac{M}{f_e\, h_0} \quad \text{und} \quad \sigma_s = \frac{M}{f_e\, h_{os}},$$

ist

$$\sigma_e = \frac{h_{os}}{h_0}\, \sigma_s = 1{,}10\, \sigma_s,$$

d. h. die Rechnungsspannung im Eisen kann die Streckgrenze bis 10 % überschreiten, was den Versuchsergebnissen gut entspricht. Wie der Bruch erfolgt, ergibt sich aus der Größe der Betonpressungen:

Da annähernd

$$\sigma_b = \frac{2\, M}{b\, x\, h_0} \quad \text{und} \quad \sigma_{bs} = \frac{2\, M}{b\, x_s\, h_{os}},$$

so ist

$$\sigma_{bs} = \frac{h_0\, x}{h_{os}\, x_s}\, \sigma_b$$

und mit obigen Werten

$$\sigma_{bs} = 2{,}8\, \sigma_b,$$

d. h. beim Erreichen der Streckgrenze in den Zugeisen öffnen und verlängern sich die Risse der Zugzone stärker, die Druckzone wird wesentlich eingeengt (auf $x_s = \sim \frac{1}{3}\, x$); dadurch wachsen die Randpressungen bedeutend (auf $\sigma_{bs} = 2{,}8\, \sigma_b$), so daß die Betondruckzone zerstört wird. Diese schematische Darstellung des Bruches stimmt mit den Beobachtungen gut überein. Mit wachsender Verstärkung der Längsbewehrung nimmt das Verhältnis $\frac{\sigma_e}{\sigma_s}$ zu $\left(\text{bei } \mu = 4\,^0/_0 \text{ ist } \frac{\sigma_e}{\sigma_s} = 1{,}17\right)$ und das Verhältnis $\frac{\sigma_{bs}}{\sigma_b}$ ab $\left(\text{bei } \mu = 4\,^0/_0 \text{ ist } \frac{\sigma_{bs}}{\sigma_b} = 2{,}2\right)$. In Balken mit weniger als $^1/_5$ bis $^1/_8\,^0/_0$ Längsbewehrung erfolgt der Bruch durch Überschreiten der Biegungsfestigkeit des Betons.

Wo über die Streckgrenze wesentlich hinausgehende Eisenspannungen in normal bewehrten Betonbalken errechnet werden oder tatsächlich auftreten, liegen entweder Fehler im Versuch vor, oder es handelt sich um härteres Eisen mit kurzer oder nicht ausgeprägter Fließstrecke (ε_s sehr klein) und um vergleichsweise sehr festen Beton (Biegedruckfestigkeit größer als σ_{bs}).

Fehler in den Versuchen können, von ungenauer Ermittlung der Streckgrenze abgesehen, in der Lagerung der Probebalken und in der Belastung liegen.

Die Lagerung ist einwandfrei, wenn Angriffspunkt und Richtung der Auflagerdrücke durch Schneiden und Rollen genau festgelegt erscheinen. Wird der Balken flächengelagert (Abb. 103), dann tritt bei nicht genau bestimmbarer Stützweite ein Seitenschub auf, dessen Größe abhängt vom Auflagerdruck und dem Reibungskoeffizienten ($H = f\,A$) sowie von der Starrheit der Widerlager. Statt der Biegungsmomente $\mathfrak{M}$ erscheinen die kleineren Momente M, ähnlich wie bei rahmenartigen Tragwerken. Je tiefer H angreift (Balken mit Auflagervouten), desto geringer sind die tatsächlichen Biegungsmomente M gegenüber jenen Momenten $\mathfrak{M}$, welche bei präziser Lagerung entstünden. Aus der Gleichgewichtsbedingung

$$\mathfrak{M} - H\, h'_0 - Z\, h_0 = 0 \text{ ist}$$

$$Z = \frac{\mathfrak{M}}{h_0} - H\,\frac{h'_0}{h_0}$$

$$= 3 - H\,\frac{h'_0}{h_0},$$

worin $\mathfrak{Z}$ die Eisenzugkraft des theoretisch frei gelagerten Balkens bedeutet. Bei Belastung durch 2 Einzellasten P in den Drittelpunkten ist mit $H = f \cdot P$.

$$Z = \frac{Pl}{3\,h_0}\left(1 - \frac{3\,f\,h_0'}{l}\right) = \mathfrak{Z}\left(1 - \frac{3\,f\,h_0'}{l}\right)$$

Mit z. B. $H = 0,5\,A$ und $\dfrac{h_0'}{l} = {}^{1}/_{6}$ ist $Z = 0,75\,\mathfrak{Z}$ oder $\mathfrak{Z} = 1,33\,Z$, d. h. die Spannungen im Eisen sind um 33 % überschätzt.

Durch die Belastungsart treten z. B. wesentliche Überschätzungen auf, wenn bei Schichtlasten Verspannungen möglich sind, wodurch teilweise eine gewölbeähnliche Übertragung auf die Balkenenden hervorgerufen wird (Abb. 104). Die Überschätzung kann dann noch größer als vorhin sein.

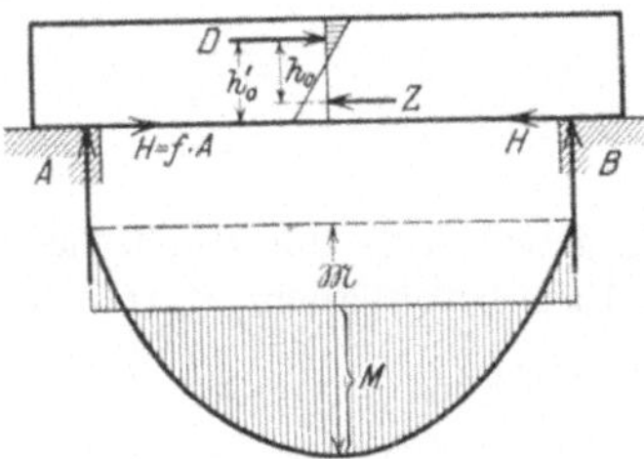

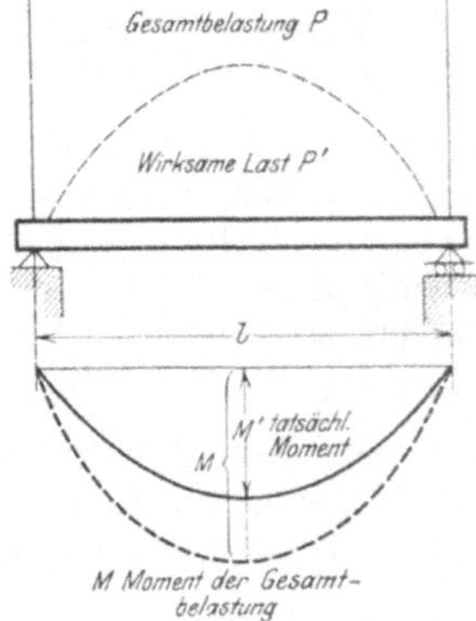

Abb. 103. Biegungsmomente im Balken mit Flächenlagerung.

Abb. 104. Biegungsmomente bei Schichtlasten.

Diese Umstände, welche bei Versuchen als Fehler zu bezeichnen sind, kommen in Baukonstrucktionen dem Sicherheitsgrad häufig zustatten.

Über das Verhältnis der erreichbaren Höchstspannungen zur Streckgrenze liegen zahlreiche Versuche vor. Möller (Verhandlungen zur Beförderung des Gewerbefleißes, Berlin 1907) findet $\sigma_e : \sigma_s = 1,01$ bis $1,16$; Schüle (Mitteilungen der eidgenössischen Materialprüfungsanstalt in Zürich, Heft 10, 12 und 13) findet $\sigma_e : \sigma_s = 1,02$ bis $1,09$, ausnahmsweise bis $1,20$; Bach und Graf (Mitteilungen über Forschungsarbeiten, Heft 72—74, 90—91, 95, ferner Deutscher Ausschuß für Eisenbeton, Heft 9, 10, 12 und 20) finden $\sigma_e : \sigma_s = 1,0$ bis $1,05$ (Balken mit Schrägbewehrung s. Tab. 17 und 19), ausnahmsweise bis $1,23$ (s. Tab. 20, Balken e); Saliger (Deutsche Bauzeitung 1912, Mitteilungen über Zement usw. Heft 19 und 20) findet $\sigma_e : \sigma_s = 1,0$ bis $1,05$, ausnahmsweise bis $1,28$ (Balken A 3); N. Rella & Neffe (s. Tab. 15) finden $\sigma_e : \sigma_s = 1,12$ usw.

Aus den vorstehenden Überlegungen und Versuchsergebnissen geht hervor, daß **auf Eisenbeanspruchungen welche die Streckgrenze wesentlich überschreiten, zuverlässig nicht zu rechnen ist.** Für den Sicherheitsgrad der Eisenbetonbalken erscheint daher die Höhe der Streckgrenze — nicht der Zugfestigkeit — maßgebend, und darnach sollte auch die zulässige Beanspruchung des Eisens bemessen werden (vgl. die französische Regierungsvorschrift).

Anmerkung. Auch die Tragfähigkeit von Eisenbalken reicht in der Regel über die Fließstrecke nicht wesentlich hinaus. Die von Schüle ausgeführten Versuche (Schweizerische Bauzeitung, Bd. 43, Nr. 21 und 22) an 4,30 m langen, 4,0 m weit gespannten, mit sieben Einzellasten belasteten und seitlich nicht gestützten Eisenträgern ergaben folgende Biegebruchspannungen σ_B (nach Navier):

$$
\begin{array}{lllll}
\text{I N. P. 12} & \sigma_B = 3080\text{---}3480\ \text{kg/qcm} & \text{bei}\ \sigma_S = 3350\ \text{kg/qcm} & \text{im Mittel}
\end{array}
$$

I N. P. 12 $\sigma_B = 3080$—3480 kg/qcm bei $\sigma_S = 3350$ kg/qcm im Mittel

I 27 B 2280—2450 ,,   ,, 2400 ,,   ,,   ,,

I 28 B 2750—2780 ,,   ,, 2400 ,,   ,,   ,,

I N. P. 28 2440—2560 ,,   ,, 2400 ,,   ,,   ,,

I N. P. 40 2400 ,,   ,, 2400 ,,   ,,   ,,

Blechträger aus je:

1 Stehblech 250 · 12,

4 Winkeln 80 · 80 · 10,

2 Lamellen 270 · 12, bzw. 10 2480—2990 ,,   ,, 2400 ,,   ,,   ,,

Brik berichtet (Zeitschrift d. österr. Ing.- u. Arch.-Vereins 1896, Nr. 8 u. 9, ferner ,,Der Eisenbau'' 1912, Nr. 10) über Walz- und Blechträger mit 7,5 m Spannweite, welche in der Mitte mit einer Einzellast belastet wurden:

I N. P. 50 $\sigma_B = 2450$ kg/qcm

Kastenträger aus:

2 Stehblechen 504 · 10,

2 Druckwinkeln 80 · 80 · 13,

4 Zugwinkeln 80 · 80 · 13,

2 Lamellen 340 · 13 $\sigma_B = 2850$,,

Nach Erreichen der Streckgrenze in der Zugzone wird die Höchstlast (ohne eigentlichen Bruch, wie beim normal bewehrten Eisenbetonbalken) durch Stauchen und Ausknicken der Druckzone erzielt.

12. Schubwiderstand durch Schrägeisen.

a) Voraussetzung für die Wirkung der Schrägeisen.

Die Einschätzung des Wertes der Schrägeisen hinsichtlich des durch sie erzeugten Schubwiderstandes bietet insofern Schwierigkeiten, als die hinreichend genaue Trennung von anderen bedeutsamen Einflüssen experimentell bisher nicht durchgeführt wurde. Diese Einflüsse rühren einerseits von der Mitwirkung des Betons bei der Aufnahme der Querkräfte, andererseits von der wechselnden Größe der Verbundfestigkeit her. Erstere erhöht den Schubwiderstand und wächst mit der Festigkeit des Betons und mit der durch die Endverankerung bedingten Umwandlung des statischen Gleichgewichtes, wodurch der Balken in einen Bogenträger mit Zuggurt übergeht (vgl. Balken Nr. 1 und Abb. 86—88). Der zweite Einfluß, d. i. der mehr oder weniger mangelnde Verbund, beeinträchtigt die Möglichkeit, daß die Schrägeisen jene Kräfte, welche sie vermöge ihrer Stärke aufnehmen könnten, tatsächlich aufnehmen; er ist mit den Anschlüssen oder Verbindungsstellen in zusammengesetzten Tragwerken (z. B. Fachwerken) zu vergleichen.

Diese Einflüsse sind in den Balken Nr. 3, 7, 9, 13, 15 und 19 deutlich erkennbar. Der Schubwiderstand des Betons und die Stärke der Schrägeisen bei allen diesen Balken sind annähernd gleich; es verbleibt daher bloß der Einfluß der Endverankerung und des Verbundes, d. i. der Anschluß- oder Verbindungsfestigkeit in den gedachten Knotenpunkten beim Vergleich zu berücksichtigen. Da die Höchstlasten (s. Tabelle 10) sehr verschieden sind und z. T. durch Bruch in den Balkenmitten erreicht wurden, so folgt zweifellos, daß die angewendete Schrägbewehrung an sich vollständig genügte, aber nur dort zur Ausnutzung gelangte, wo die Anschlüsse genügenden Widerstand boten, d. h. wo die Verbundfestigkeit zwischen der Betonmasse und den Eiseneinlagen groß genug war. Weitere wichtige Aufschlüsse liefern die älteren Versuche, von denen hier einige kurz besprochen werden.

b) Ältere Versuche.

Die in den Mitteilungen des technologischen Gewerbemuseums 1909 von A. Hanisch beschriebenen und von N. Rella & Neffe beantragten Versuche umfassen 5 Balkenreihen nach Abb. 105 ohne (a) und mit Bügeleinlage (b und c). Die Ergebnisse der Balken a ohne Bügel und der Balken V b mit Bügeln, welche die Höchstlast der ganzen Versuchsreihe trugen, sind in der Tabelle 15 zusammengestellt. Die Streckgrenze der Eisen betrug $\sigma_s = 2560$ kg/qcm im Mittel.

Die Versuche des Deutschen Ausschusses für Eisenbeton, ausgeführt von Bach u. Graf, Heft 12 und 20, umfassen Balken mit 3 m Spannweite und 2 Einzellasten in den Drittelpunkten sowie Balken mit 4 m Spannweite und 8 Einzellasten über die ganze Länge verteilt. Die hier in betracht kommenden wichtigsten Balken sind in den Abb. 106 und 107 dargestellt. Der Querschnitt der verschieden dicken Längseinlagen (Stahl mit durchschnittlich 3300 kg/qcm Streckgrenze und 5400 bis 5800 kg/qcm Zugfestigkeit) beträgt angenähert 25 qcm. Die Bruchergebnisse sind in den Tab. 16 und 17 zusammengefaßt. Aus ihnen ist ersichtlich, daß Schrägeisen, auch die flach liegenden, nach Bauart Hennebique, die Bruchlasten erhöhen. Schrägeisen unter 45° gegen die Balkenachse erweisen sich fast durchweg und wesentlich vorteilhafter als flacher liegende Eisen. Scharfe Aufbiegungen (ohne Übergangskrümmung, Reihe 50) geben geringere Bruchlasten, wahrscheinlich wegen der stärkeren örtlichen Pressungen an den Abbiegestellen auf den Beton.

Schwächere Eisen zeigen höhere Bruchlasten als dickere, offenbar wegen des besseren Verbundes. Die Balken der Reihen 25 und 29, deren Querschnitt der Schrägbewehrung geringer als der mittlere Wert von 0,7 des Längseisenquerschnittes ist, zeigen einen wesentlichen Abfall; die Hauptursache dieser Erscheinung liegt aber in dem Mangel der Fachwerkwirkung der Schrägbewehrung (vgl. die Abb. 118

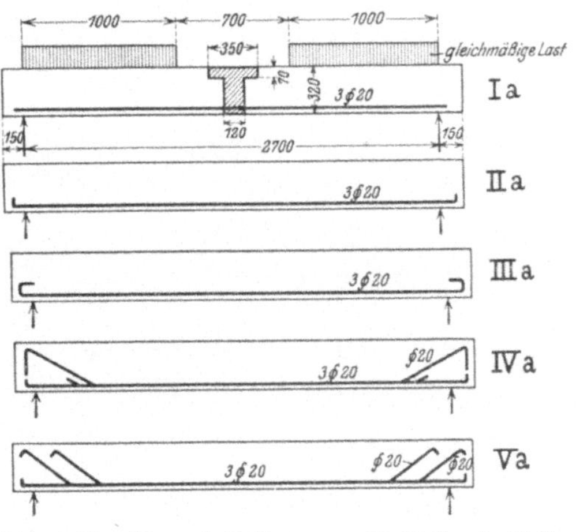

Abb. 105. Versuchsbalken von N. Rella & Neffe.

Tabelle 15.
Versuche für N. Rella & Neffe (Abb. 105).

Reihe	$\dfrac{f_{es}}{f_e}$	Gesamtlast in t	σ_e in kg/qcm	$\dfrac{\sigma_e}{\sigma_s}$	Bruch
I a	0	12,60	1220	0,48	S
II a	0	14,11	1360	0,53	S
III a	0	19,65	1890	0,74	S
IV a	0,33	21,45	2060	0,81	S
V a	0,67	28,31	2730	1,07	S
V b	0,67	29,94	2880	1,12	M

bis 120), denn die Balken der Reihen 58 und 60 zeigen bei $f_{es} : f_e = 0{,}6$ ein Maximum an Tragfähigkeit. Daraus kann geschlossen werden, daß in diesen Balken der Beton wenigstens an den Orten mit geringerer Querkraft bis zum Bruch an der Übertragung

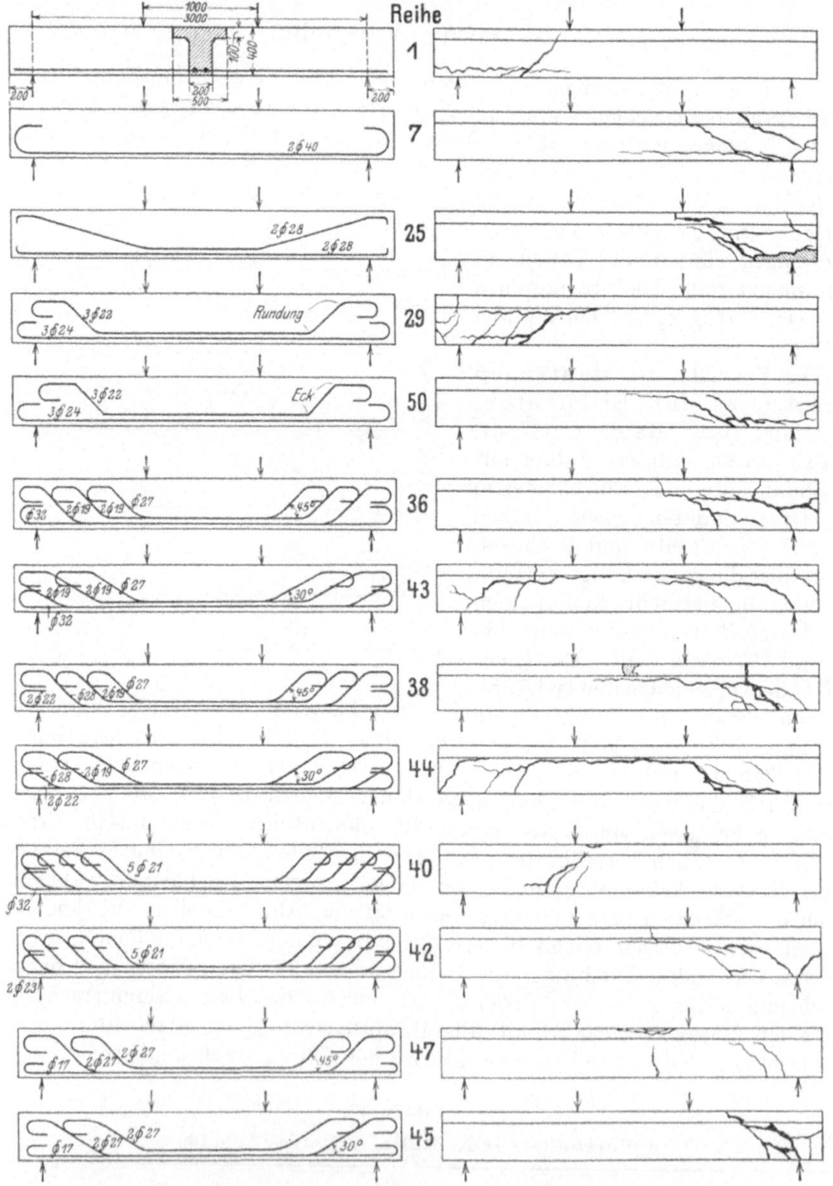

Abb. 106. Versuchsbalken des Deutschen Ausschusses für Eisenbeton.

der Schubkräfte wesentlich mithalf. Eine Vermehrung des Schrägeisenquerschnittes bis 0,91 des Längseisenquerschnittes erscheint weder von ausgesprochen günstiger noch von ungünstiger Wirkung.

Bei Verwendung weichen Flußeisens, dessen Streckgrenze in der Regel unter 3000 kg/qcm liegt, würden die Balken der Reihen 36, 38, 44, 40, 42, 47, 58, 60, 62 und 66

Tabelle 16.

Versuche des Deutschen Ausschusses für Eisenbeton, Heft 12 (vgl. Abb. 106).
(S = Schrägrisse, K = Zerspalten des Kopfes, M = Bruch in Mitte.)

Reihe	$\dfrac{f_{es}}{f_e}$	Gesamtlast in t	σ_e in kg/qcm	$\dfrac{\sigma_e}{\sigma_s}$	Bruch
1	0	16,33	1029	0,33	Gleiten
7	0	24,67	1588	0,52	K
25	0,50	34,47	2319	0,71	S, K
29	0,46	42,00	2778	0,84	S, K
50	0,46	37,17	2485	0,75	S, K
36	0,68	46,00	3021	0,91	S, K
43	0,68	40,83	2678	0,81	S, K
38	0,70	49,50	3223	0,98	S, K
44	0,70	45,33	2936	0,89	S, K
40	0,68	45,50	2932	0,89	S, K
42	0,68	47,33	3031	0,92	S, K
47	0,91	48,00	3117	0,95	S, M
45	0,91	39,40	2543	0,78	S, K

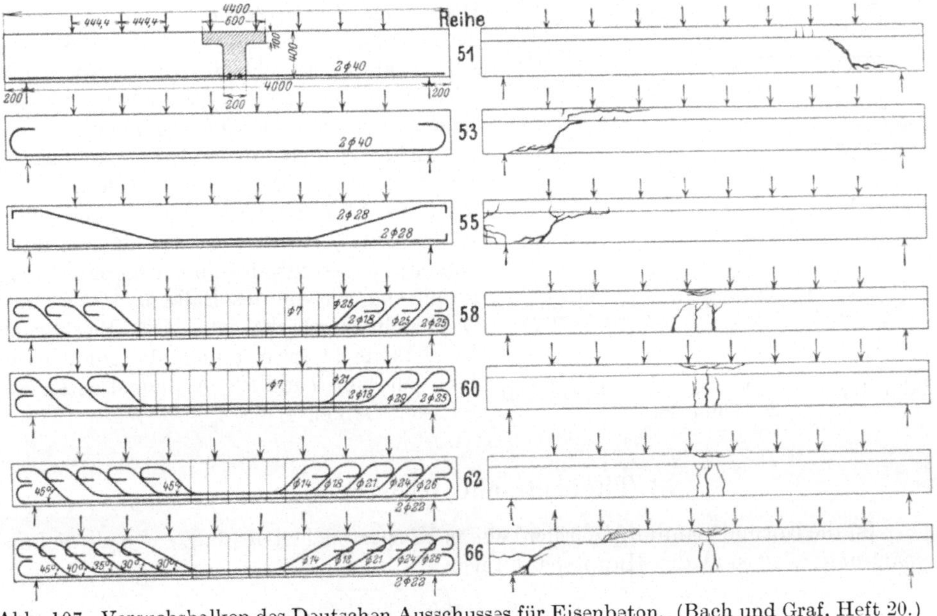

Abb. 107. Versuchsbalken des Deutschen Ausschusses für Eisenbeton. (Bach und Graf, Heft 20.)
Rechts die kennzeichnenden Bruchbilder.

Tabelle 17.

Versuche des Deutschen Ausschusses für Eisenbeton, Heft 20 (s. Abb. 107).

Reihe	$\dfrac{f_{es}}{f_s}$	Gesamtlast in t	σ_e in kg/qcm	$\dfrac{\sigma_e}{\sigma_s}$	Bruch
51	0	21,34	1577	0,49	S
53	0	23,34	1715	0,56	S
55	0,50	33,34	2594	0,76	S
58	0,60	43,34	3283	1,03	M
60	0,61	43,34	3250	1,02	M
62	0,70	45,20	3376	1,00	M
66	0,70	46,26	3458	1,02	M

Tabelle 18.

Versuche von Dyckerhoff und Widmann (s. Abb. 108).

Balken	$\dfrac{f_{es}}{f_e}$	Gesamtlast in t	σ_e in kg/qcm	τ_0 in kg/qcm	Bruch
3	0	14,77	1326	19,3	S
9	0,5	26,80	2408	34,3	S
10	0,5	28,33	2521	36,3	S
11	0,5	26,87	2392	34,0	S
4	0,5	30,00	2745	39,2	S
7	0,5	32,0	2850	41,2	M

als hinreichend schubwiderstandsfähig zu bezeichnen sein, d. h. ihr Schubwiderstand wäre dem Biegungswiderstand gleich oder überlegen.

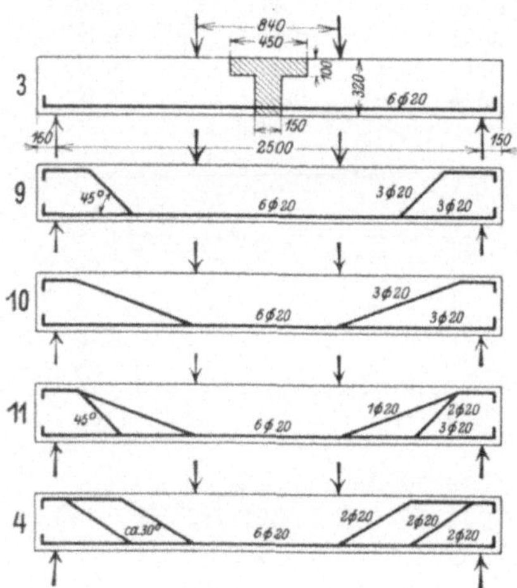

Abb. 108. Versuchsbalken von Dyckerhoff & Widmann.

Über den Einfluß verschiedener Neigungen und Lagen der Schrägstäbe geben die Versuche von Dyckerhoff und Widmann (Protokoll der Hauptversammlung des Deutschen Betonvereins 1908) wertvolle Aufklärung. Die Balken (Abb. 108) sind 2,80 m lang, 0,32 hoch, 0,45 m breit und mit 6 Rundeisen von 20 mm Stärke bewehrt. Die Enden sind rechtwinklig abgebogen.

In der Tabelle 18 sind die Bruchlasten und Spannungen der schrägbewehrten Balken 9, 10, 11 und 4 sowie zum Vergleich jene des Balkens 7 (Höchstlast der untersuchten Balken) dargestellt, dessen Schrägbewehrung die gleiche wie die des Balkens 4, aber mit 17 Bügeln verstärkt ist. Die Bewehrung des Balkens 11 erweist sich als ungünstiger denn jene von 9 und 10. Am günstigsten verhält sich Balken 4.

c) Theoretische Erörterungen.

Ist die Normalspannung in irgend einem Körperteilchen des Balkens σ, die Schubspannung τ, so sind die Hauptspannungen:

$$\sigma' = \frac{\sigma}{2} \pm \sqrt{\frac{\sigma^2}{4} + \tau^2},$$

welche unter den Winkeln α gegen die Stabachse geneigt sind.

$$\operatorname{tg} 2\,\alpha = -\frac{2\,\tau}{\sigma}$$

In der Nullinie ist $\sigma = 0$, $\tau = \tau_0$, $\alpha = 45$ und 135^0

$$\sigma' = \pm\,\tau_0$$

Abb. 109 stellt die Zug- und Drucktrajektorien im homogenen Balken dar. Werden die Normalzugspannungen im Beton vernachlässigt und wird die Zugkraft (Z_{s1} Abb. 111) einer Eiseneinlage f_{es} zugewiesen, entstehen die Spannungstrajektorien nach Abb. 110. An der Stelle der Querkraft Q_x wirkt auf die Länge dx eine Hauptzugkraft (Abb. 112)

$$dZ_s = b_0\, \tau_x\, \frac{dx}{\sqrt{2}} = \frac{Q_x}{h_0}\, \frac{dx}{\sqrt{2}},$$

welche bei der Länge c und einer mittleren Querkraft Q übergeht in

$$Z_{s1} = \frac{Q\,c}{h_0\,\sqrt{2}}$$

Die auf die ganze Querkraftlänge y wirkende Schrägkraft ist

$$Z_s = \int dZ_s = \frac{\int Q_x\, dx}{h_0\,\sqrt{2}} = \frac{F}{h_0\,\sqrt{2}},$$

worin F die Querkraftfläche bedeutet.

Für ruhende Last ist $F = \int Q_x\, dx = M_m - M_1$, also

$$Z_s = \frac{M_m - M_1}{h_0\,\sqrt{2}}$$

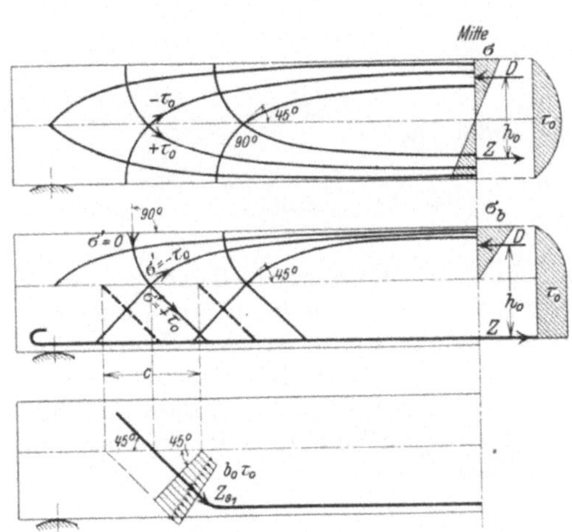

Abb. 109—111.
Spannungstrajektorien im homogenen Balken
und im Eisenbetonbalken.

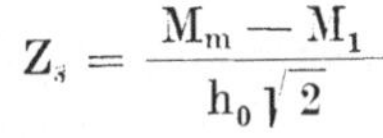

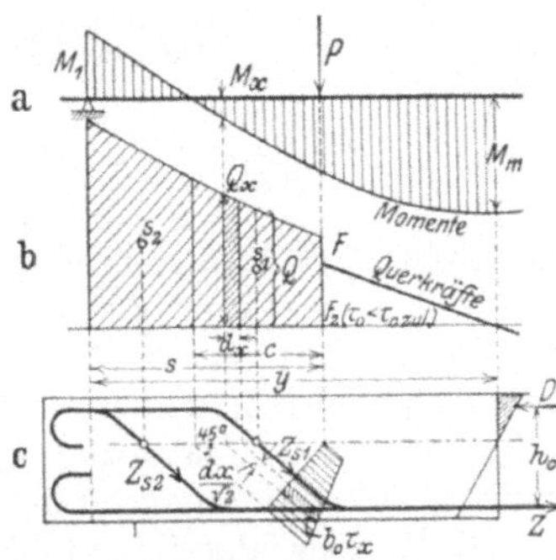

Abb. 112. Beziehungen zwischen Biegungsmomenten (a), Querkräften (b) und Schrägeisen (c). $Z_s = Z_{s_1} + Z_{s_2} = \dfrac{F}{h_0\sqrt{2}}$, ferner $Z_{s_1} = \dfrac{Q\,c}{h_0\sqrt{2}}$.

Beim frei aufliegenden Balken ist $M_1 = 0$, daher

$$Z_s = \frac{M_m}{h_0\,\sqrt{2}} = \frac{Z}{\sqrt{2}} = 0{,}7\,Z.$$

Unter den Lasten, welche eine Rißbildung noch nicht erzeugen, wird Z_s vornehmlich vom Beton aufgenommen; die eingebetteten Schrägeisen werden jedenfalls nur in geringem Maße herangezogen, ähnlich wie bei der Wirkung der Zugeisen. Während aber bei diesen aus zahlreichen Versuchen der Anteil an der Spannungsaufnahme bekannt ist, fehlt bei den Schrägeisen die Kenntnis der Spannungsverteilung fast gänzlich. Zweifellos wird aber der Anteil der Eisen mit zunehmender Rißbildung wachsen, und man wird annehmen dürfen, daß von jener Belastung an, unter welcher der Bruch des nicht schrägbewehrten Balkens erfolgt wäre ($\tau_0 = 30\,\mathrm{kg/qcm}$, vgl. Tabelle 10) die Schrägeisen den größten Teil der Querkraft übertragen. Nimmt man den ungünstigsten, aber möglichen Fall an, daß sämtliche Schrägzugkräfte vom Eisen aufgenommen werden, so ergibt sich bei gleichen Beanspruchungen der Längseisen (σ_e) und der Schrägeisen (σ_{es}) mit der obigen Beziehung $Z_s = 0{,}7\,Z$, daß der Querschnitt der Schrägbewehrung

$$f_{es} = 0{,}7\, f_e,$$

d. h. beim frei aufliegenden Balken, dessen Schubbeanspruchung die Schubfestigkeit des Betons überschreitet, ist die gleiche Sicherheit des Schubwiderstandes wie des Biegungswiderstandes vorhanden, wenn der Querschnitt der Schrägbewehrung 70 % von jenem der Längsbewehrung beträgt. In Balken mit Stützenmomenten sind die Schrägkräfte entsprechend größer:

Da

$$f_{es} = \frac{F}{\sigma_{es}\, h_0 \sqrt{2}} = \frac{M_m - M_1}{\sigma_{es}\, h_0 \sqrt{2}}$$

und die zu M_1 gehörige Längseinlage

$$f_{e1} = \frac{-M_1}{h_0\, \sigma_e} ,$$

die zu M_m gehörige Längseinlage

$$f_{em} = \frac{M_m}{h_0\, \sigma_e} ,$$

so ist mit $\sigma_{es} = \sigma_e$ und bei gleichbleibendem h_0

$$f_{es} = \frac{f_{e1} + f_{em}}{\sqrt{2}} = 0,7\ (f_{e1} + f_{em}),$$

d. h. unter der Annahme, daß die gesamte Querkraft durch Schrägeisen aufzunehmen sei, müssen diese 70 % der Summe aller oberen und unteren Längseisen betragen. Wie sich leicht einsehen läßt, ist diese Schrägaufbiegung ohne Zulageeisen möglich, wenn $f_{e1} : f_{em}$ oder $f_{em} : f_{e1} < {}^3/_7$ ist. Kann die Mitwirkung des Betons soweit herangezogen werden, daß $f_{es} \lessgtr 0,5\ (f_{e1} + f_{em})$, dann sind hinsichtlich der Querkräfte Zulageeisen auch bei beliebigem Verhältnis der Biegungsmomente M_m und M_1 bzw. der f_{em} und f_{e1} entbehrlich.

d) Konstruktive Gesichtspunkte.

Hat man es mit eingespannten oder durchlaufenden Balken oder mit Rahmentragwerken zu tun, kurz mit Bauteilen, welche durch Querkräfte und Biegungsmomente wechselnden Sinnes beansprucht werden, so ergibt sich zwischen den durch die Momente bedingten Längsbewehrungen und den durch die Querkräfte bedingten Schrägbewehrungen eine Wechselbeziehung, indem sich beide Bewehrungen unterstützen und konstruktiv ergänzen. Die Bewehrung des ganzen Tragwerkes, gleichgiltig ob es sich um lotrechte oder wagerechte Teile handelt, ist durch Schrägeisen gekennzeichnet, welche gegen die äußeren Stützpunkte parallel ansteigen. (Abb. 113 und 114, darstellend zwei Rahmentragwerke in Wiener Hochbauten, vgl. Armierter Beton 1913, Heft 1 und 2).

Da sowohl die Hauptzug- als auch die Hauptdruckspannungen in der Zugzone unter 45⁰ gegen die Balkenachse wirken, liegt der Gedanke des Diagonalfachwerks nahe, in welchem die Druckstäbe aus Beton, die Zugstäbe aus Eisen bestehen. Dieser Gedanke ist vom Verfasser schon vor Jahren ausgesprochen und seitdem in der Literatur häufig behandelt worden. Je nach dem wagerechten Abstand c der Schrägstäbe erhält man ein einfaches Dreieck-Diagonalfachwerk, das Fachwerk mit gekreuzten Diagonalen oder das engmaschige Gitterwerk (Abb. 115—117). Die Diagonalzugkräfte sind in allen Fällen

$$Z_{s1} = \frac{Q\, c}{h_0 \sqrt{2}} .$$

Der gleiche Wert ergibt sich für diese Anordnungen auch aus der Fachwerktheorie, so daß es gleichgiltig ist, ob die Größe der Zugkräfte aus den Hauptspannungen oder aus dem Gitterwerk berechnet wird. **Wenn der wagrechte Abstand der Schrägstäbe c > 2 h₀, so ist ein stabiles Fachwerk nicht vorhanden und die angeordneten Aufbiegungen bieten nicht mehr die sichere Gewähr genügenden Schubwiderstandes** (Abb. 118 und 119). Eine richtige Schräg-

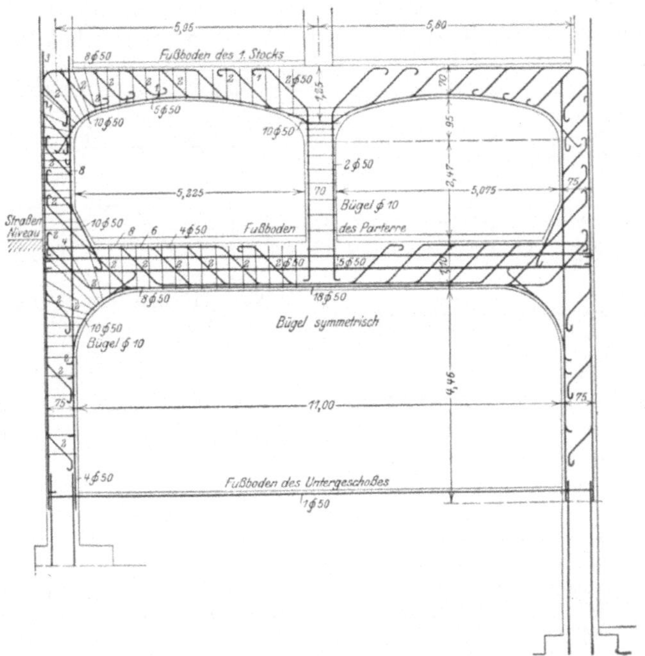

Abb. 113. Schwerer Rahmenträger in Wien, Opernring 11.

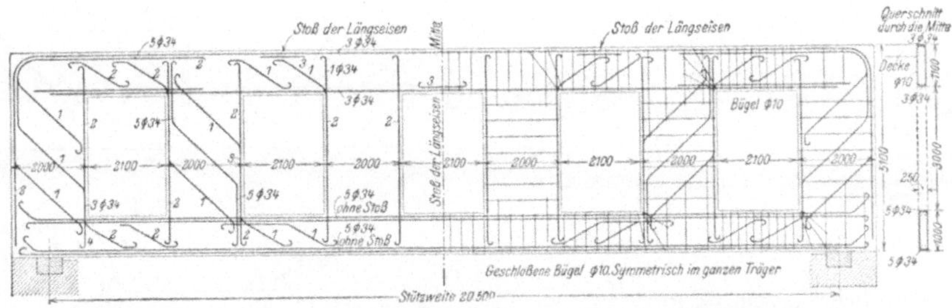

Abb. 114. Vierendeelbalken im Wiener Giro- und Kassenverein.

bewehrung läßt sich jedoch durch entsprechende Vermehrung der Zahl der Eisenstäbe bei gleichzeitiger Verminderung ihres Durchmessers stets erzielen (Abb. 120).

In langen und verhältnismäßig niedrigen Trägern bieten **flachliegende Schrägstäbe** (Abb. 121) häufig Vorteile. Die in ihnen wirkenden Zugkräfte wachsen mit abnehmendem Neigungswinkel, wodurch ihre Wirksamkeit eine starke Einschränkung erleidet. Die bekannteste Bewehrung dieser Art ist die von **Hennebique** mit Schrägstäben, welche etwa von den Balkendrittelpunkten in die Köpfe verlaufen. Sie reichen ohne andere Hilfsmittel — Bügel — in der Regel nicht aus.

Die Orte für die Aufbiegungen ergeben sich in der bekannten Weise dadurch, daß die Querkraftfläche (Abb. 112) in den Querschnitten der Schrägstäbe proportionale Teile, bei gleich starken Schrägeisen in gleiche Teile zerlegt wird, in deren Schwerpunkten als den Angriffspunkten die teilresultanten Schrägkräfte wirken. Für die Teilung der verschiedenen Formen von Querkraftflächen bestehen geometrische Regeln.

Was die Orte der Aufbiegungen der Längseisen mit Rücksicht auf die Biegungsmomente betrifft, so wird in der Regel in der gleichen Weise verfahren

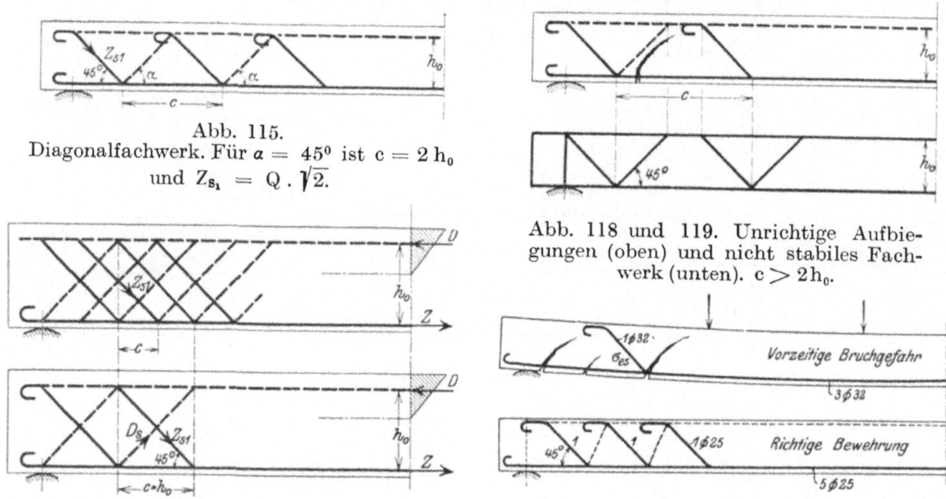

Abb. 115.
Diagonalfachwerk. Für $\alpha = 45^0$ ist $c = 2\,h_0$
und $Z_{s_1} = Q \cdot \sqrt{2}$.

Abb. 116 und 117. Engmaschiges Gitterwerk und Diagonalfachwerk mit gekreuzten Diagonalen.

Abb. 118 und 119. Unrichtige Aufbiegungen (oben) und nicht stabiles Fachwerk (unten). $c > 2\,h_0$.

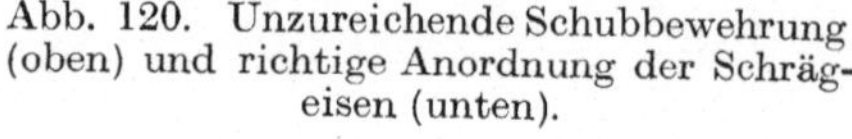

Abb. 120. Unzureichende Schubbewehrung (oben) und richtige Anordnung der Schrägeisen (unten).

Abb. 121.
Flachliegende Schrägeisen. $Z_{s_1} = \dfrac{Q}{2 \cdot \sin \alpha}$.

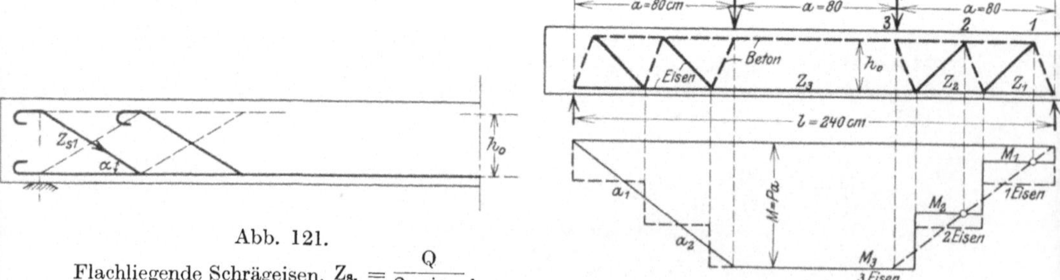

Abb. 122. Fachwerkschema der Versuchsbalken mit Momentenverlauf.

wie bei der Materialausteilung eiserner Träger. Betrachtet man die Versuche (Abb. 122 stellt das Bewehrungsschema der Balken Nr. 3 bis 14, bzw. die Materialverteilung der Balken Nr. 3 bis 8 dar), so ergibt sich, daß das frühere Aufbiegen, als den Momenten entspricht, nicht nachteilig wirkte, da ansonst der Bruch an den bis um 30 % zu schwachen Aufbiegestellen a_1 und a_2 hätte erfolgen müssen. Es liegt daher die Vermutung nahe, daß auch hinsichtlich der Längszugkräfte die vorerwähnte Fachwerkwirkung zur Geltung gelange, in der Weise, daß die Zugkraft Z_2 vom Biegungsmomente M_2 im Punkte 2 (rechte Seite der Abb. 122), Z_1 von M_1 im Punkt 1 abhänge.

Die Frage, ob die ganze Querkraftfläche oder nur jener Teil in Berücksichtigung zu ziehen sei, welcher nach Abzug der dem Beton zuzuweisenden Querkräfte erübrigt, ist in den amtlichen Vorschriften der Länder, allerdings nicht gleichlautend, geregelt. Auf Grund des früher erwähnten Gedankenganges und auf Grund der neuen Versuche empfiehlt es sich, alle Schubkräfte, welche den Beton mit mehr als 30 kg/qcm (beim Bruch) beanspruchen, entsprechenden Schrägeisen allein zuzuweisen, bei geringeren Schubspannungen aber den Beton als mitwirkend in Rechnung zu ziehen. Werden diese Verhältnisse auf die üblichen Baulasten und auf die zulässigen Beanspruchungen bezogen, so ergäbe sich folgende Regel: Schubspannnugen von 4—5 kg/qcm (= $\frac{1}{3}$ der Hauptzugfestigkeit des Betons = 12 bis 15 kg/qcm nach Tabelle 6) können ohne Gefahr der Rißbildung vom Beton allein aufgenommen werden. Bei Schubspannungen über 4 bis 10 kg/qcm (= $\frac{1}{3}$ Schubfestigkeit, = 30 kg/qcm nach Tabelle 10) ist jener Teil der Querkräfte, welche den Beton mit mehr als 4 kg/qcm auf Abscherung beanspruchen, einer entsprechenden Eisenbewehrung zuzuweisen. Ungeachtet des hiernach sich ergebenden Bedarfes an Schrägeisen ist ihre angemessene Vermehrung dem Verbund und somit der Güte des Balkens förderlich. Es soll grundsätzlich wenigstens die Hälfte, besser 0,7 aller Längseisen gegen die Auflager schräg aufgebogen werden. Querkräfte, welche größere Schubspannungen als 10 kg/qcm im Beton erzeugen, sind am besten den Eisenbewehrungen allein zuzuweisen. Ob größere Schubbeanspruchungen als 15—20 kg/qcm ohne Beeinträchtigung der Sicherheit zugelassen werden können, ist durch Versuche noch nicht hinreichend geklärt[1]).

13. Schubwiderstand durch lotrechte Bügel.

a) Funktionen der Bügel.

Bei der Beurteilung des Wertes der Bügel gelten ähnliche Erwägungen wie hinsichtlich der Schrägeisen, auf die hier verwiesen wird.

Im wesentlichen kommen drei Erscheinungen in Betracht, auf welchen die Wirkung der Bügel beruht. Die erste betrifft die durch die Bügel in den Balkenköpfen verstärkte Verankerung der Eisenenden, welche bis zu einem gewissen Grade der Umschnürung gleichkommt. Die zweite Erscheinung bezieht sich auf die unmittelbare statische Wirkung der Bügel durch Kraftaufnahme in dem querkraftgefährdeten Balkenteil und ist als die ausschlaggebende zu betrachten. Die dritte, damit im Zusammenhang stehende Tatsache ist die Verminderung der zwischen Längsbewehrung und Beton zu übertragenden Kräfte und deren Verteilung auf eine größere Balkenstrecke, woraus eine wesentliche Erhöhung der Verbundfestigkeit folgt. Hieraus ist zu schließen, daß die Bügel umso höheren Wert besitzen, je unvollkommener die anderen Vorkehrungen zur Sicherung des Schubwiderstandes und Verbundes sind.

b) Beanspruchung der Bügel.

Das Verhalten der Bügel nach der Rißbildung im querkraftgefährdeten Balkenteil ist durch die Versuche des Deutschen Ausschusses für Eisenbeton (Bach und Graf, Heft 10, Seite 80—84) dargelegt. Die an den Balken der Reihe 14 vorgenommenen Messungen an den oberen Bügelenden ergaben, daß bei Belastungen bis 12 t Bewegungen nicht stattfanden. Da hiebei schon Risse beobachtet waren, so

---

[1]) Eine Versuchsreise zum Studium dieser Frage ist in Vorbereitung.

haben die Bügel bereits nennenswerte Kräfte aufgenommen, welche durch die Haftung zwischen Beton und Eisen übertragen wurden (ebenso wie bei Längszugeisen). Bei Belastungen von 14 t trat eine Bewegung einzelner Bügelenden ein (0,002 bis 0,005 mm), ein Zeichen, daß die in den Bügeln wirkenden Kräfte groß genug waren, ein Gleiten hervorzurufen. Mit wachsender Belastung vermehrten sich die Bewegungen; diese sind für die Höchstlast von 32 t (rechts auch für den Bruch) in der Abb. 123 dargestellt.

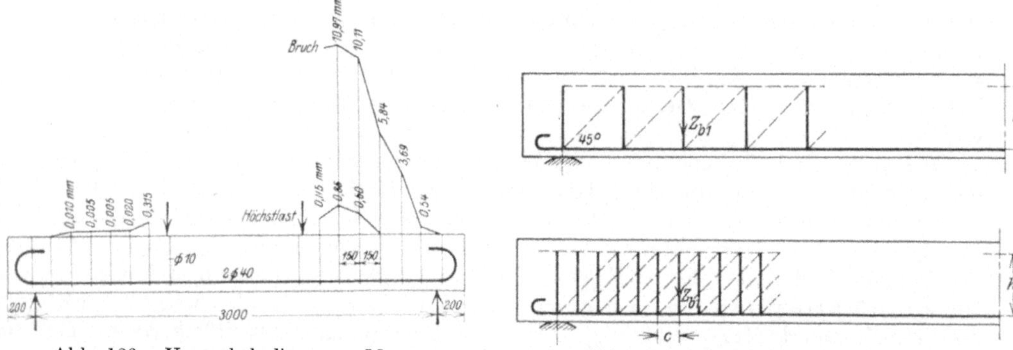

Abb. 123. Versuchsbalken zur Messung der Bewegung der Bügelenden.

Abb. 124 und 125. Einfaches und engmaschiges Ständerfachwerk.

Die Bügel zeigen also das Bestreben, sich senkrecht zum Balken aus der Druckzone herauszuziehen; dies ist nur möglich, wenn sie auf Zug beansprucht werden. Ihr Verhalten kann daher mit jenem der lotrechten Stäbe in einem Ständerfachwerk mit steigenden Diagonalen verglichen werden, wobei der Zuggurt und die lotrechten Ständer aus Eisen, der Druckgurt und die Diagonalen aus Beton bestehen. In Abb. 124 ist die lotrechte Zugkraft $Z_{b1} = Q$ der Querkraft (wenn an dieser eine Einzelkraft nicht angreift). Die Diagonalen sind nach der Richtung der Hauptdruckspannungen unter 45° geneigt zu denken. Liegen die lotrechten Ständer näher (Abstand c), so entsteht das engmaschige Ständerfachwerk (Abb. 125). Hierin ist angenähert

$$Z_{b1} = \frac{c}{h_0}\, Q,$$

woraus sich die Zugspannung der Bügel ergibt. Für die gesamte Querkraftfläche F ergibt sich analog der früheren Darlegung

$$Z_b = \frac{\int Q_x\, dx}{h_0} = \frac{M_m - M_1}{h_0} = \frac{F}{h_0}\,.$$

Die lotrechte Spannkraft der Bügel ist also $\sqrt{2} = 1,4$ mal größer als jene von Schrägeisen. Bei gleichem Eisenquerschnitt beträgt daher der durch Bügel erzeugte Schubwiderstand nur 70 % von jenem der Schrägeisen. Diese müssen also wesentlich wirksamer sein.

Wenn das Bild von der Auffassung des Verbundkörpers als Fachwerk auch nicht vollständig zutreffen möge, da die tatsächlichen Verhältnisse sehr zusammengesetzt sind, so erhält man mit ihm doch eine brauchbare Vorstellung. Hiebei ist in Übereinstimmung mit den Darlegungen über die Schrägeisen anzunehmen, daß dem gedachten Fachwerk jene Querkräfte zu überweisen seien, welche den Widerstand des durch Bügel nicht verstärkten Betonbalkens überschreiten. Aus den Versuchen des Deutschen Ausschusses (Bach und Graf, Heft 10) ergeben sich mit Heranziehung der Reihen 8, 11 und 15 (Bügeldicke $\delta = 10$ mm), 9, 12 und 16 ($\delta = 7$ mm) sowie 10, 13 und 17 ($\delta = 5$ mm) folgende Zugspannungen σ_{eb} in den

Bügeln (vgl. Abb. 126; die Balken 8,9 und 10, bzw. 11, 12 und 13, sowie 15, 16 und 17 unterscheiden sich bloß durch die Bügelstärke):

$$\delta = 10 \text{ mm}, \quad \sigma_{eb} = 2,12 \text{ t/qcm im Mittel}$$
$$7 \quad,, \qquad\qquad 3,53 \quad,, \quad,, \quad,,$$
$$5 \quad,, \qquad\qquad 4,88 \quad,, \quad,, \quad,,$$

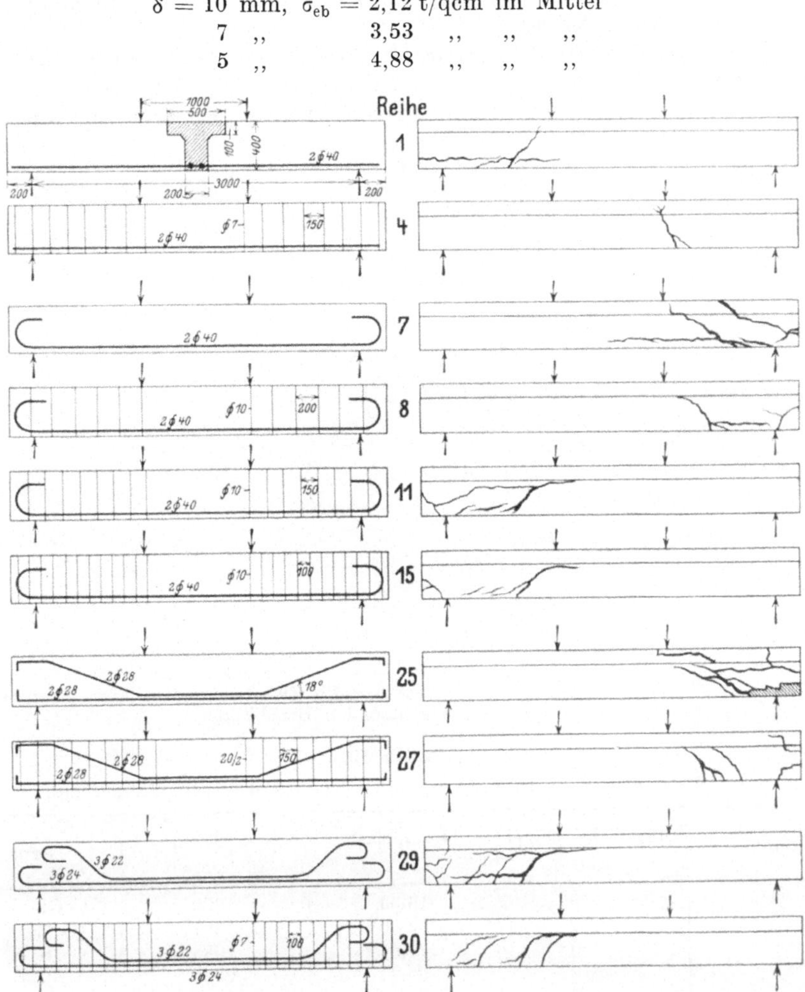

Abb. 126. Versuchsbalken des Deutschen Ausschusses für Eisenbeton.

Die Inspannungsetzung kann nur durch den Haft-, Gleit- und Hakenwiderstand τ der Bügel in der Druckzone der Balken von der Höhe x erfolgen, also

$$\frac{\pi \delta^2}{4} \sigma_{eb} = \pi \delta x \cdot \tau, \text{ woraus } \sigma_{eb} = \frac{4 x}{\delta} \tau.$$

Mit x = 17 cm und τ = 35 kg/qcm (Zugwiderstand des Verbundes zum Unterschied vom Biegewiderstand des Verbundes) ist für

$$\delta = 10 \text{ mm}, \quad \sigma_{eb} = 2,38 \text{ t/qcm}$$
$$7 \quad,, \qquad\qquad 3,40 \quad,,$$
$$5 \quad,, \qquad\qquad 4,76 \quad,, \quad \text{(Zugfestigkeit 4,5 t/qcm)}.$$

Die Übereinstimmung dieser Werte mit den obigen aus der Fachwerktheorie ist befriedigend, so daß die dargelegte Wirkung der Bügel den tatsächlichen Verhältnissen ziemlich nahe kommen dürfte. Eine nennenswerte Beanspruchung der Bügel auf Abscherung, wie sie früher vielfach angenommen wurde, kann nicht vorhanden sein (vgl. des Verfassers Abhandlung in der Deutschen Bauzeitung 1912, Mitteilungen über Zement Nr. 4).

Aus der Vorstellung des Fachwerkes ergibt sich, daß die in den Knotenpunkten des Untergurts vorhandenen Änderungen der Zugkraft auf die Diagonalen durch Haftung und Reibungs- oder Gleitwiderstand übertragen werden müssen, wie es

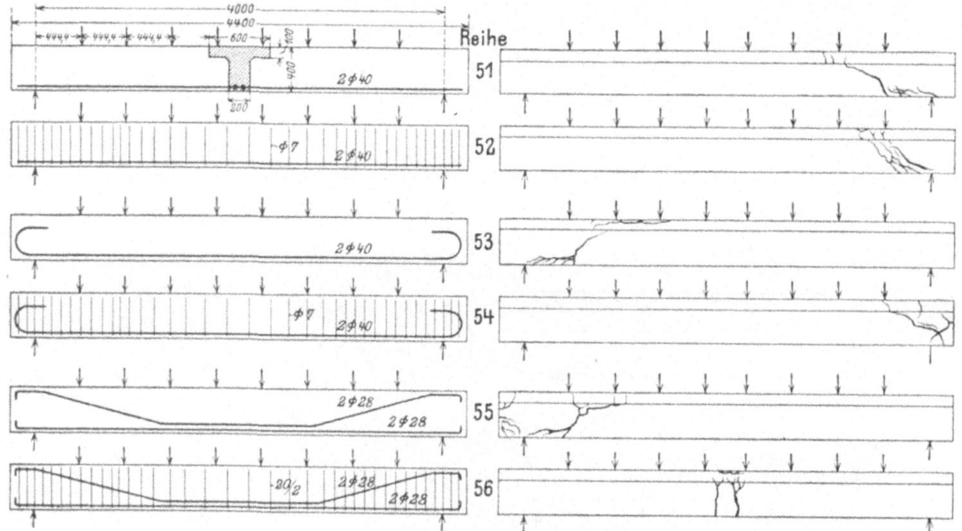

Abb. 127. Versuchsbalken des Deutschen Ausschusses für Eisenbeton. (Bach und Graf, Heft 20.)
Rechts die kennzeichnenden Bruchbilder.

Tabelle 19.

Versuche des Deutschen Ausschusses (Heft 10, 12 und 20).

Reihe	Stärke der Bügel mm	Gesamtlast in t	σ_e in kg/qcm	Bruch
1	0	16,33	1029	Gleiten
4	⌀ 7	22,00	1391	S
7	0	24,67	1588	S, K
8	⌀ 10	36,27	2306	S, K
9	⌀ 7	32,67	2089	S, K
10	⌀ 5	29,83	1910	S, K
11	⌀ 10	37,60	2385	S, K
12	⌀ 7	36,00	2280	S, K
13	⌀ 5	32,83	2081	S, K
15	⌀ 10	42,67	2745	S, K
16	⌀ 7	40,00	2541	S, K
17	⌀ 5	36,33	2324	S, K
25	0	34,47	2319	S, K
27	20·2	44,77	3007	S, K
29	0	42,00	2778	S, K
30	⌀ 7	48,57	3198	S
51	0	21,34	1577	Gleiten
52	⌀ 7	30,66	2252	S
53	0	23,34	1715	S
54	⌀ 7	42,66	3041	S, K
55	0	33,34	2594	S, K
56	20·2	45,60	3537	M

durch die Versuche mit Parallel-Fachwerkbalken aus Eisenbeton (System Visintini) erwiesen ist. Bei diesen liegen die Verhältnisse insofern noch ungünstiger als beim Vollträger, als die Betonumhüllung geringer ist. Während beim Vollbalken ohne Bügel die Tragkraft schließlich von der Endverankerung abhängt, müssen beim Fachwerkbalken (Vollträger mit Bügeln) die Stabkräfte der Wandglieder (Schubkräfte im Steg) auf die ganze Balkenlänge bis zum Bruch wirken. Daraus entsteht die **bei allen Versuchen beobachtete Vermehrung der Verbundfestigkeit durch Bügel.**

Die in den Abb. 126 und 127 dargestellten Balken des Deutschen Ausschusses (Bach und Graf, Heft 10, 12 und 20) von 3,0 und 4,0 m Stützweite ohne und mit Bügeleinlagen gewähren einen Überblick über die Wirkung der Querbewehrung bei geraden Längseisen, bei geraden Längseisen mit Haken und bei mangelhafter Schrägbewehrung.

c) Bewehrung durch Schrägeisen und Bügel.

Diese Bewehrung wirkt ähnlich wie ein **Ständerfachwerk mit gekreuzten Diagonalen** (Abb. 128). Hiebei werden die fallenden Zugdiagonalen aus den Schrägeisen, die steigenden Druckdiagonalen aus Beton und die lotrechten Ständer aus den eisernen Bügeln gebildet. Wenn die Druck- und Zugdiagonalen gleiche Formänderungen erleiden, nehmen die Vertikalen nennenswerte Spannkräfte nicht auf. Die steigende Betondiagonale ist jedoch wegen ihres weit größeren Querschnittes widerstandsfähiger als das verhältnismäßig schwache Schrägeisen und es verbleibt in den Vertikalen eine Zugkraft. **Je schwächer und nachgiebiger die Schrägeisen sind, desto größer wird die Beanspruchung der Bügel** und infolgedessen ihr Wert. In Balken

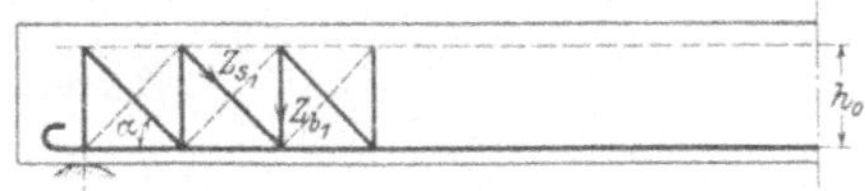

Abb. 128.
Ständerfachwerk mit gekreuzten Diagonalen.

ohne Schrägeisen müssen sie demnach den größten Nutzen gewähren. Je mangelhafter die Verankerung der Schrägeisen ist (bei dicken Eisen) und je weniger sie infolge ihres Gesamtquerschnittes zur Aufnahme der Querkräfte hinreichen (ungenügende Schrägeisen), desto stärker erweist sich die Wirkung der Bügel auf die Erhöhung der Tragfähigkeit. Um jenen Teil der Querkräfte, welcher zur Beanspruchung der Bügel erforderlich ist, verringern sich die Spannkräfte in den Schrägeisen und damit die von diesen auf den Beton zu übertragenden Kräfte durch Gleit- und Hakenwiderstand. **Die Verbundfestigkeit wächst.** Eine nenneswerte Änderung der Haftfestigkeit an sich ist jedoch mit der Anordnung von Bügeln nicht verbunden.

Die vom Verfasser ausgeführten Parallelversuche an Balken gleicher Längs- und Schrägbewehrung ohne und mit Bügeleinlage lassen den **gesetzmäßigen Einfluß der Bügel auf die Höhe der Bruchlast** deutlich erkennen. Zum Vergleich dienen die Balken Nr. 5 mit 3, 11 mit 9, 17 mit 15, ferner Nr. 2 mit einem Balken 1′ gleicher Längsbewehrung ohne Bügel, dessen Tragkraft aus den bezüglichen Versuchen des deutschen Ausschusses für Eisenbeton (Heft 10) ermittelt ist, sowie Nr. 8 mit 7, 14 mit 13 und 20 mit 19. Bei jenen Balken, deren Bruch infolge der Biegemomente erfolgte, ist der Vergleich mangelhaft, da der Einfluß der Bügel nicht voll zur Geltung gelangen kann.

Rundeisen 26 mm.

Balken Nr. 5. Größte Bruchlast $P = 14{,}6$ t, mittlere Bruchlast $P = 13{,}95$ t

„ Nr. 3. Kleinste Bruchlast $P = 8{,}0$ t

Einfluß der Bügel $\Delta P = 6{,}60$, bzw. $5{,}95$ t, d. i. bei 8,7 kg Bügelgewicht $\Delta P_1 = 760$, bzw. 683 kg Stempellast auf 1 kg Bügel.

Rundeisen 20 mm.

Balken Nr. 11.   P = 15,0, bzw. 14,75 t

„   Nr. 9.   P = 12,0, also Δ P = 3,00, bzw. 2,75 t, d. i. Δ P$_1$ = 344,

bzw. 316 kg.

Rundeisen 16 mm.

Balken Nr. 17.   P = 16,75, bzw. 16,57 t

„   Nr. 15.   P = 15,1 t

Δ P = 1,65 bzw. 1,47 t

Δ P$_1$ = 190 bzw. 169 kg.

Für die Balken, deren sämtliche Eisen bis in die Köpfe reichen, ergibt sich:

Rundeisen 32 mm.

Balken Nr. 2.   Mittlere Bruchlast P = 12,25 t

„   Nr. 1'. Mittlere Bruchlast P = 7,50 t

Der Einfluß der Bügel (11,8 kg) auf die Erhöhung der Bruchlast beträgt Δ P = 4,75 t, d. i. Δ P$_1$ = 402 kg Stempellast auf 1 kg Bügel.

Rundeisen 26 mm.

Balken Nr. 8, Mittlere Bruchlast P = 14,80 t

„   Nr. 7, Mittlere Bruchlast P = 12,67 t

Δ P = 2,13 t und bei 8,7 kg Bügelgewicht Δ P$_1$ = 245 kg

Rundeisen 20 mm.

Balken Nr. 14, P = 15,35 t

„   Nr. 13, P = 14,48 t

Δ P = 0,87 t und Δ P$_1$ = 100 kg.

Rundeisen 16 mm.

Balken Nr. 20, P = 16,75 t

„   Nr. 19, P = 16,30 t

Δ P = 0,45 t und Δ P$_1$ = 52 kg.

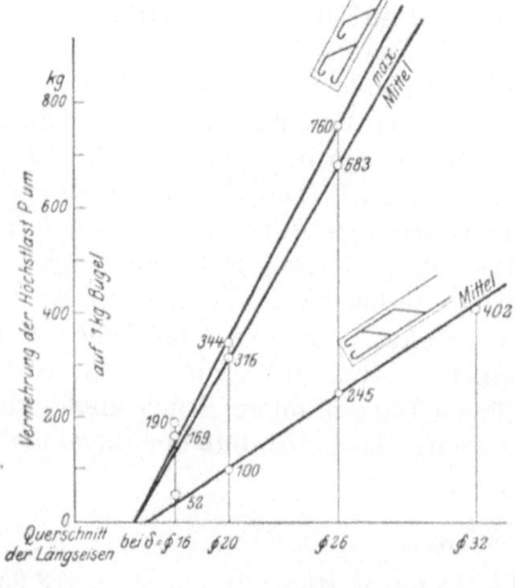

Abb. 129. Vermehrungen der Balkenhöchstlasten durch die Einlage von Bügeln bei verschiedener Dicke und Anordnung der Längseisen.

In der Abb. 129 sind die Erhöhungen der Stempelbruchlasten P dargestellt, indem als zugehörige Abszissen die Querschnittsflächen der 16, 20, 26 und 32 mm dicken Rundeisen gewählt sind. Es ergibt sich somit die Tatsache, daß der Wert der Bügel annähernd im geraden Verhältnis mit den Einzelquerschnitten der verwendeten Längsbewehrung von einem Mindestquerschnitt an (der bei den untersuchten Balken bei etwa δ = 13 mm liegt) wächst und ferner, daß die Bügel bei jenen Längseinlagen, welche z. T. vor den Balkenköpfen enden, eine 2 bis 3 mal so große Vermehrung der Tragkraft bewirken als bei jenen Einlagen, welche sämtlich bis in die Balkenköpfe reichen.

Bezeichnet man den Teil der Querkraftfläche, welcher durch Schrägeisen aufgenommen werden soll, mit F$_s$ und jenen der

Bügel mit F_b, wobei $F_b + F_s = F$ die gesamte durch Eisenbewehrung aufzunehmende Querkraftfläche ist, so erhält man aus

$$f_{eb} = \frac{F_b}{h_0\,\sigma_e} \quad \text{und} \quad f_{es} = \frac{F_s}{h_0\,\sigma_e\,\sqrt{2}}$$

$$f_{eb} + f_{es}\,\sqrt{2} = \frac{F}{h_0\,\sigma_e},$$

d. i. den mit Rücksicht auf die Querkräfte erforderlichen Querschnitt der Bügel- und Schrägbewehrung.

Diese Berechnung wird indessen wohl nur selten notwendig sein, da es stets möglich und auch vorteilhafter ist, die Querkräfte durch Schrägeisen aufzunehmen.

Die Notwendigkeit der Bügel und ihre Bedeutung für die Stärkung des Verbundes insbesondere bei starken Eisen wird hiedurch nicht berührt.

14. Haftspannungen, Gleitwiderstand und Verbundfestigkeit.

a) Bedeutung des Verbundes.

Welche große Bedeutung die Verbundfestigkeit in Eisenbetonbalken besitzt, ist in dieser Schrift bereits mehrmals, insbesondere bei der Besprechung der Wirkung der Schrägeisen und Bügel gewürdigt worden. Es ist hiebei die Verbundfestigkeit in Vergleich gestellt worden zum Widerstand der Knotenpunkte in gegliederten Tragwerken, bei welchen die Festigkeit der Verbindungen als die notwendige Voraussetzung der Tragfähigkeit der Gliederstäbe gilt.

Bei der Verbundfestigkeit der Eisenbetonbalken spielen eine Reihe von Einflüssen eine Rolle. Zu den primären gehören die Haftspannungen und der Gleitwiderstand, zu den sekundären die Rolle der Bügel, Haken, Verankerungen u. dergl. Bei der Erfassung des Problems des Verbundes müssen die Einzeleinflüsse möglichst getrennt werden. Die Betrachtung der Frage der Haftung und des Gleitwiderstandes allein kann aber zu einer befriedigenden Lösung nicht führen.

Solange der Betonbalken rißfrei bleibt, kann eine nennenswerte Beanspruchung des Verbundes nicht eintreten. Nach der Überlegung wird die Haftfestigkeit überwunden und das Gleiten der Eiseneinlagen dort zuerst erfolgen müssen, wo die ersten Risse auftreten, da

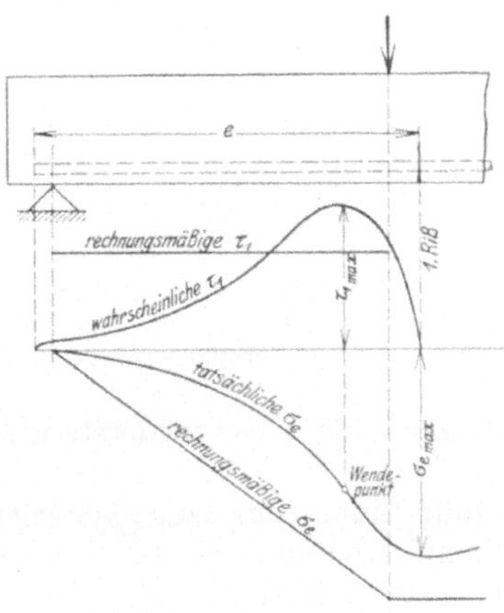

Abb. 130.   Eisenzug- und Haftspannungen im Balken.

diese ohne eine kleine Verschiebung der Eisen im Beton undenkbar sind. Die vorerst örtliche Beanspruchung schreitet mit der Überwindung des Haftwiderstandes und der Zugfestigkeit des Betons fort. Die Haftspannungen erlangen demnach vorerst an jenen Stellen ihren Größtwert, wo die Änderungen der Eisenspannungen infolge der beginnenden Rißbildung am stärksten sind, d. i. in der Nähe der Maximalmomente (Abb. 130. Vgl. auch Dr. Kleinlogel, Wesen und wahre Größe des Verbundes, Berlin 1911). Bei stärkeren Belastungen verschieben sich die Stellen, an denen die Haftfestigkeit überwunden wird, immer mehr gegen das Auflager, bis alle Haft- und Gleitkräfte überwunden sind.

Sind keine Endverankerungen vorhanden, dann schreitet die Auflösung rasch vor und führt zum Bruch. Sind die **Längseisen mit Haken** versehen, dann wird der Bruch solange verzögert, als die Endverankerung standhält.

b) Ältere Versuche.

Die Ermittlung der Größe des Haft- und Gleitwiderstandes kann durch unmittelbares Herausziehen oder Hinausdrücken von einbetonierten Eisenstäben erfolgen (Zughaftung, Druckhaftung) oder durch Versuche an Balken. Auf beiden Wegen müssen bei Übereinstimmung der rechnungsmäßigen Voraussetzungen die gleichen Ergebnisse erzielt werden. Während beim Zug- oder Druckversuch die Haftlänge bekannt ist, erscheint sie beim Biegeversuch sehr unsicher, da sie wesentlich von der Rißbildung abhängt. Praktisch ist daher genügende Übereinstimmung nur selten zu erzielen; die Ursache liegt jedoch nicht im Wesen, sondern in der Schwierigkeit der Bestimmung der tatsächlichen Haftlänge beim Biegeversuch.

Zug- und Druckversuche.

Bauschinger fand 1887 beim Herausziehen von 15 cm tief eingebetteten Stäben $\tau_1 = 47$, von 29 cm tief eingebetteten Stäben $\tau_1 = 25$ kg/qcm. Bach stellte durch Druckversuche eine Beziehung zwischen der Einbettungslänge e und der Haft-

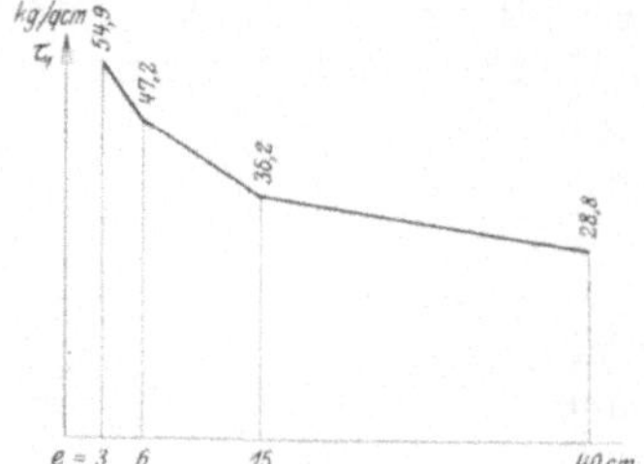

Abb. 131. Gleitwiderstände (nach Bach) bei verschiedenen Einbettungslängen der Eisen.

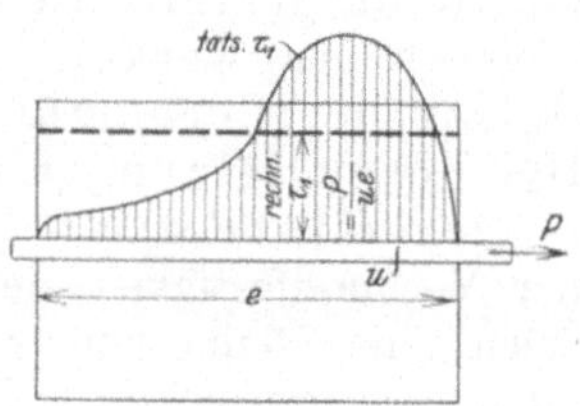

Abb. 132.
Verteilung der Haftspannungen.

festigkeit (dem Gleitwiderstand) τ_1 her, welche die Abb. 131 zeigt. Daraus ergibt sich die weitere Tatsache, daß die Haft- und Gleitspannungen sich nicht gleichmäßig auf die Einbettungslänge verteilen können, sondern an der Krafteintrittsstelle größer sein müssen und gegen das entgegengesetzte Stabende gegen Null abnehmen (Abb. 132, vgl. diese mit Abb. 130). Diese Erscheinung hängt mit den Formänderungen zusammen, die an der Krafteintrittsstelle am größten sind. Die von Tetmajer angeregten Zugversuche (Bearbeitung von Kirsch und Saliger in „Armierter Beton" 1911, Heft 2—4) zeigen eine wesentliche Abhängigkeit der Haftfestigkeit (des Gleitwiderstandes) von der Dicke der Eisen. Bei e = 30 cm wiesen die Rundeisen mit

$$\begin{aligned}
\delta = \quad 5 \ \text{mm} \qquad &\tau_1 = 15,2\text{—}15,9 \ \text{kg/qcm} \\
10 \quad ,, \qquad &\tau_1 = 25,4\text{—}27,0 \qquad ,, \\
15 \quad ,, \qquad &\tau_1 = 31,9\text{—}39,4 \qquad ,, \\
20 \quad ,, \qquad &\tau_1 = 34,9\text{—}42,3 \qquad ,, \\
25 \quad ,, \qquad &\tau_1 = 34,6\text{—}47,4 \qquad ,,
\end{aligned}$$

auf. Bei den dünnen Eisen erfolgt hierbei der Bruch durch Überwindung der Streckgrenze. (Vgl. die Versuche des Verfassers in Tabelle 4. max $\tau_1 = 45,9$ kg/qcm. Das abweichende Verhalten der schwachen und starken Eisen hängt offenbar erheblich mit der Einbettungslänge zusammen.)

Balkenversuche.

Die an Balken ausgeführten Versuche zur Ermittlung des Haft- und Gleit-widerstandes ergeben rechnungsmäßig sehr verschiedene Werte. Die wichtigsten Arbeiten rühren her von Bach, Bach und Graf (Mitteilungen über Forschungs-arbeiten 1907, Heft 39, 45; 1909, Heft 72—74; 1910, Heft 95), von Probst (Forscherarbeiten auf dem Gebiete des Eisenbetons 1905, Heft 6; Mitteilungen aus dem Kgl. Materialprüfungsamt Gr. Lichter-felde 1907, Ergänzungsheft 1), von Emperger (Forscherarbeiten 1905, Heft 3; 1906, Heft 5), von Talbot (Bulletin of the University of Illinois 1906, S. 50), von Considère (Contri-bution à l'étude des propriétés du beton armé, Internationaler Materialprüfungskongreß in Budapest 1901), von Mörsch (der Eisen-betonbau), Kleinlogel, Preuß u. a.

Von großem Wert für die Erkenntnis ist die Trennung der Haftspannungen von dem nach Überwindung dieser einsetzenden Rei-bungs- oder Gleitwiderstand und der Anker-wirkung der Haken. Darüber geben die Ver-suche des Deutschen Ausschusses (Bach und Graf, Heft 9, 1911 und Scheit und Wawrziniok, Heft 7, 1911) Auskunft. Die Werte τ_1 sind aus der Beziehung $\tau_1 = Q : h_0\, u$, bzw. $\tau_1 = \dfrac{\delta}{4\,e} \cdot \sigma_e$ berechnet.

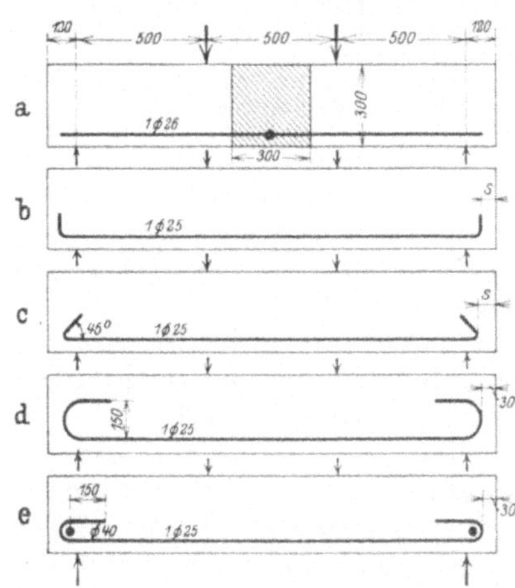

Abb. 133. Versuchsbalken von Bach und Graf zur Bestimmung des Gleitwiderstandes.

Die Versuche von Bach und Graf umfassen:

1. Balken mit Einlagen aus gezogenem, abgeschlichteten und geschmirgelten Rundeisen (Abb. 133, a—d) und

2. Balken, deren Einlagen aus Rundeisen mit Walzhaut bestanden (Abb. 133, a—e). Die Ergebnisse sind in der Tabelle 20 auszugsweise dargestellt. Die Werte τ_1 wurden nach den preußischen Bestimmungen ermittelt.

Tabelle 20.

Versuche des Deutschen Ausschusses für Eisenbeton, Heft 9 (vgl. Abb. 133).

Rund-eisen	Bal-ken	τ_1 in kg/qcm bei			σ_e bei Höchst-last	Anmerkung
		1. Riß	1. Bewe-gung der Eisen-enden	Höchst-last		
glatt	a	16,3	16,3	16,3	1202	
	b	16,8	17,3	28,6	2224	
	c	14,1	16,2	30,0	2284	
	d	15,7	16,2	32,5	2510	
mit Walzhaut	a	15,3	22,9	26,9	2060	
	b	17,9	28,5	44,4	3546	s = 30 mm
	b	15,6	27,5	42,6	3401	s = 10 „
	b	15,5	27,5	41,6	3328	s = 50 „
	c	16,7	26,9	42,8	3362	s = 30 „
	c	17,7	28,5	43,3	3452	s = 10 „
	d	17,7	25,1	42,8	3425	
	e	18,5	27,8	46,5	3844	Überwindung der Streckgrenze $\sigma_s = 3110$ kg/qcm

Tabelle 21.

Versuche des Deutschen Ausschusses, Heft 7.

Lastform	Laststufen	τ_1 in kg/qcm bei			
		Gleitbeginn	lebhaftem Gleiten	sichtbarer Rißbildung	Bruch
2 Einzellasten	stufenweis, ohne Entlastung	3,9—9,5	7,6—11,3	7,6—11,3	8,3—11,3
	stufenweis, mit mehrmalig. Entlastung	3,8—9,6	9,4—11,6	9,3—11,5	9,9—11,8
Gleichmäßige Last	stufenweis, ohne Entlastung	7,1—11,5	9,8—11,7	9,8—12,1	10,9—13,4
	stufenweis, mit mehrmalig. Entlastung	7,8—13,5	11,7—13,5	12,8—15,4	13,4—15,3

Aus diesen Versuchen (Tabelle 20) wird geschlossen:

1. Die Belastung, unter welchen die ersten Risse auftreten, ist nahezu die gleiche, ob die Eiseneinlagen glatt oder mit Walzhaut versehen sind, ob sie Haken besitzen oder nicht.

2. Bei Verwendung von glatten Einlagen ohne Haken ist die Widerstandsfähigkeit erschöpft, wenn die ersten Risse auftreten.

3. Werden glatte Eisen mit Haken versehen, so steigert sich die Belastung wesentlich, und zwar bei rechtwinkligen Haken um 69, bei spitzwinkligen Haken um 80, bei U-Haken um 96 %.

4. Bei Eiseneinlagen mit Walzhaut ergaben sich für die Haken geringere Unterschiede, und zwar für b 52, für c 54, für d 53 und für e 60 %. Darnach ist eine wesentliche Bevorzugung der Rundhaken vor den rechtwinkligen Haken nicht gerechtfertigt.

5. Bei Verwendung von Eiseneinlagen ohne Haken, aber mit Walzhaut liegt die Höchstlast bedeutend über der Last, unter welcher die ersten Risse auftreten. Die Walzhaut erwies sich fast so wirksam wie die rechtwinkligen Haken an glatten Eisen.

6. Die Hakenform äußert weder bei glatten Eisen noch bei Eisen mit Walzhaut einen Einfluß auf die erste Bewegung der Eisenenden.

Tabelle 22.

Versuche des Deutschen Ausschusses, Heft 10.

Reihe	τ_1 in kg/qcm bei			Stegbreite b_0 in cm	Anmerkung
	1. Zugriß	1. Bewegung der Eisenenden	Bruch		
1	4,3	10,1	10,3	20	Ohne Haken und Bügel
2	3,8	7,8	7,8	15	
3	5,1	14,1	15,2	30	
4	4,8	12,7	14,0	20	Ohne Haken, mit Bügeln
5	3,7	10,6	10,6	15	
6	4,9	15,8	17,0	30	
7	4,2	14,1	15,9	20	Mit runden Haken, ohne Bügel
11	4,0	15,2	23,9	20	Mit runden Haken und Bügeln
12	4,1	17,0	22,8	20	
13	4,1	15,1	20,8	20	
16	4,6	17,0	25,4	20	
18	4,2	17,0	25,6	20	
21	4,3	17,8	25,3	20	
23	4,3	15,8	19,5	20	Mit Rechteckshaken und Bügeln

7. Die Widerstandsfähigkeit war erschöpft bei den Balken a durch Überwindung des Haft-, bzw. Gleitwiderstandes, bei b durch Absprengen des Betons, bei c und d durch Spalten der Balkenköpfe und bei e durch Überschreiten der Streckgrenze.

8. **Bei Eisen mit Walzhaut ist der Gleitwiderstand wesentlich größer als die Haftfestigkeit.**

Die Versuche von Scheit und Wawrziniok (Heft 7 des Deutschen Ausschusses) sind an Balken mit 216 cm Länge, 200 cm Stützweite, 20 cm Breite und 30 cm Höhe ausgeführt, welche mit einem geraden Rundeisen von 16 mm Dicke bewehrt waren. Die Belastung erfolgte durch 2 Einzellasten und durch gleichmäßig verteilte Lasten. Die Ergebnisse sind auszugsweise in der Tabelle 21 zusammengefaßt.

Diese Werte sind wesentlich niedriger als die in Heft 9 gefundenen. Sie zeigen, daß das Gleiten bereits bei Spannungen $\tau_1 = 3{,}9$ kg/qcm beginnt und in der Regel lange, bevor sich sichtbare Risse gebildet haben. Die Spannung beim Gleitbeginn kann hier als die eigentliche Haftspannung bezeichnet werden.

Aus den Versuchen des Deutschen Ausschusses, Heft 10, 12 und 20, ergeben sich die in der Tabelle 22 und 23 dargestellten Werte (vgl. die Abb. 106, 107, 126, 127).

Tabelle 23.

Versuche des Deutschen Ausschusses, Heft 12 und 20.

Balkenreihe	24	25	26	27	28	35	37	39	41	48	51	52	53	54
ErsteBewegung der Eisenenden bei $\tau_1 =$	13,0	13,7	16,6	14,6	13,6	15,0	13,2	16,1	14,7	16,9	14,3	17,4	14,1	17,8 kg/qcm
Eisenenden bei $2P =$	24,0	29,0	30,7	31,0	30,7	25,3	32,7	28,7	35,3	29,0	21,3	26,7	21,0	27,0 t
Bruch bei $2 P =$	28,3	34,5	37,3	44,8	35,2	41,0	44,7	42,1	44,6	45,7	21,3	30,7	23,3	42,7 t

c) Größe der Haftfestigkeit und des Gleitwiderstandes in Balken.

Vergleicht man die in den Tabellen 22 und 23 enthaltenen Werte τ_1 bei der ersten Bewegung der Eisenenden mit jenen des Verfassers in Tabelle 8 und 9 beim Auftreten der ersten Gleitrisse, so ergibt sich fast völlige Übereinstimmung. Die Bewegung der Enden ist aber nur möglich, wenn die eigentliche Haftfestigkeit bereits überwunden ist. Daraus ist zu schließen, daß die in den Tabellen 8, 9, 22 und 23 enthaltenen Werte Gleitwiderstände sind. **Der Gleitwiderstand kann daher auf Grund der angezogenen Versuche im Mittel zu $\tau_1 = 13$ bis 17 kg/qcm angenommen werden**, aber auch, wie Tabelle 20 zeigt, wesentlich darüber steigen; möglicherweise ist das Gleiten zu spät beobachtet worden. **Die Haftfestigkeit liegt im allgemeinen tiefer und kann, wie aus Tabelle 21 ersichtlich ist, bis nahe Null sinken. Die Größe des Gleitwiderstandes erweist sich nahezu unabhängig von den Haken, besonderen Verankerungen und von Bügeln. Die durch solche Vorkehrungen bewirkte Erhöhung der Bruchlasten steht mit der Haftfestigkeit oder mit dem Gleitwiderstand in keinem Wesenszusammenhange und kann daher auch nach den hiefür üblichen Rechnungsregeln nicht ermittelt werden; die Wirkung der Haken oder ähnlicher Anordnungen ist die von Ankerplatten in Gewölben, welche insolange standhalten, als die an diesen Stellen auftretenden Pressungen oder die durch sie hervorgerufenen Sprengwirkungen die Betonfestigkeit nicht überschreiten.**

Wenn trotzdem die Werte τ_1 für Belastungen berechnet werden, unter welchen die Haftfestigkeit und der Gleitwiderstand schon längst überwunden sind und daher nicht mehr oder nicht mehr voll bestehen, so geschieht dies zu Vergleichszwecken. Die Werte τ_1 haben dann nur eine symbolische Bedeutung, wobei das gewählte Rechenverfahren an sich gleichgiltig ist. Naturgemäß wird jenem Rechnungsweg der Vorzug zu geben sein, welcher für dieselbe Versuchsreihe und bei gleicher Bruchursache die gleichmäßigsten Zahlenwerte ergibt.

Betrachtet man die in Tabelle 11 dargestellten Werte, so ergeben sich für τ_1 (nach den preußischen Bestimmungen) die ungleichmäßigsten Ziffern; teilweise sind diese von einer Größe (über 100), wie sie beim unmittelbaren Trennungsversuch durch Herausziehen nie beobachtet wurden; als Vergleich für die Güte der Bauart sind sie daher nicht brauchbar.

Wesentlich gleichmäßiger erscheinen die Ziffern τ_2, welche sich innerhalb wahrscheinlicher Größe halten. Einen weiteren Fortschritt stellen die Ziffern τ_3 dar (berechnet nach den österreichischen Vorschriften). Die beste Gleichmäßigkeit innerhalb der Balken, welche gleiche Querbewehrung besitzen, weisen die Ziffern τ_4 auf. Diese wären daher als Verbundfestigkeiten, besser als Verbundziffern τ_v zu bezeichnen, da sie tatsächlich einen Maßstab für die Güte des Verbundes der untersuchten Balken darstellen.

d) Einfluß der Endverankerung und der Bügel auf die Stärke des Verbundes.

Die in der Tabelle 11 und 12 errechneten Verbundziffern τ_v, zusammengefaßt für die Balken ohne und mit Querbewehrung (Bügel, Umschnürung), sind in den Abb. 134 und 135 dargestellt. Ein wesentlicher Unterschied zwischen der Wirkung

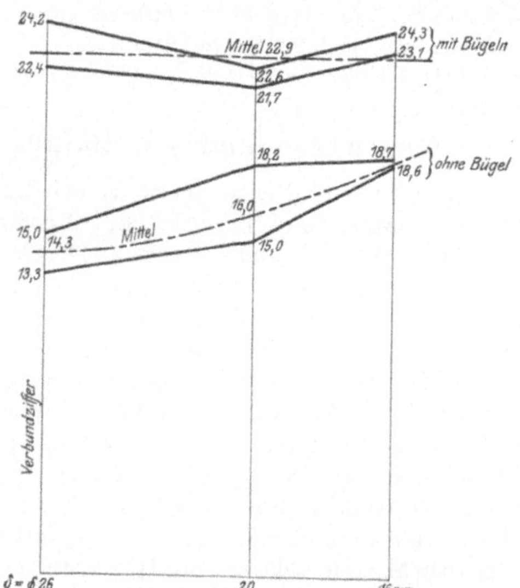

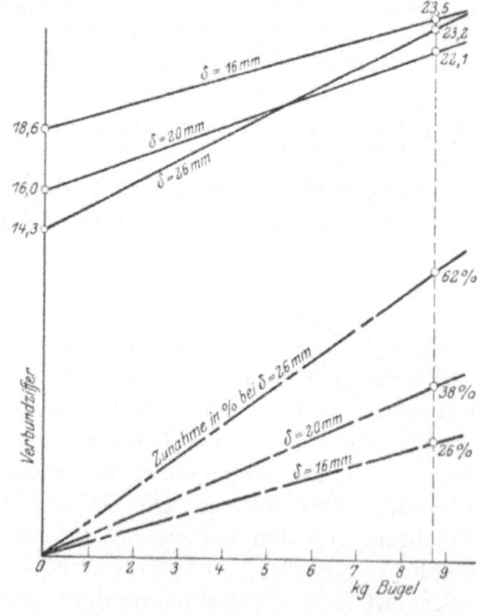

Abb. 134.
Vergleichsziffern für den Verbund der Balken ohne und mit Bügeleinlage.

Abb. 135. Vergleichsziffern für die Stärkung des Verbundes durch die Einlage von Bügeln bei verschiedener Dicke der Längseisen.

der angewendeten Umschnürung und der Bügeleinlage ist nicht vorhanden. Dagegen erhebt sich bei allen Längseisenstärken — bei den dickeren Eisen mehr als bei den dünneren — die Verbundziffer der querbewehrten Balken beträchtlich über jene der nicht querbewehrten. Die Zunahme in Hundertteilen ist in der Abb. 135 besonders anschaulich.

Bemerkenswert sind die Zunahmen der Höchstlasten durch 1 kg Eisen, das bei den Balken mit sämtlichen bis in die Köpfe reichenden Längseisen mehr aufgewendet wird als bei jenen Balken, in denen ein Teil der Eisen früher endet.

Bei den Balken ohne Bügel ergibt sich:

Nr. 7 gegen 3, $\Delta P = 12,95 - 8,0 = 4,95$ t, Mehrgewicht an Eisen 2,5 kg, daher $\Delta P_1 = 1980$ kg bzw. $\Delta P = 12,67 - 8,0 = 4,67$ t, Mehrgewicht an Eisen 2,5 kg, daher $\Delta P_1 = 1870$ kg.

Nr. 13 gegen 9, $\Delta P = 15,0 - 12,0 = 3,00$ t, Mehrgewicht an Eisen 3,3 kg, daher $\Delta P_1 = 910$ kg bzw. $\Delta P = 14,48 - 12,0 = 2,48$ t, Mehrgewicht an Eisen 3,3 kg, daher $\Delta P_1 = 750$ kg.

Nr. 19 gegen 15, $\Delta P = 16,60 - 15,1 = 1,50$ t, Mehrgewicht 4,8 kg, daher $\Delta P_1 = 313$ kg bzw. $\Delta P = 16,30 - 15,10 = 1,20$ t, Mehrgewicht 4,8 kg, daher $\Delta P_1 = 250$ kg.

Bei den Balken mit Bügeln ergibt sich:

Nr. 8 gegen 5, $\Delta P = 14,80 - 13,95 = 0,85$ t, $\Delta P_1 = 341$ kg

Nr. 14 gegen 11, $\Delta P = 15,35 - 14,75 = 0,60$ t, $\Delta P_1 = 181$ kg

Nr. 20 gegen 17, $\Delta P = 16,75 - 16,57 = 0,18$ t, $\Delta P_1 = 38$ kg

Die Vermehrungen der Höchstlasten auf 1 kg Längseisen sind in der Abb. 136 dargestellt, wobei als Abszissen die Einzelquerschnitte der 16, 20 und 26 mm dicken Längseisen aufgetragen sind. Daraus ist ersichtlich, daß der Wert des Mehrauf-

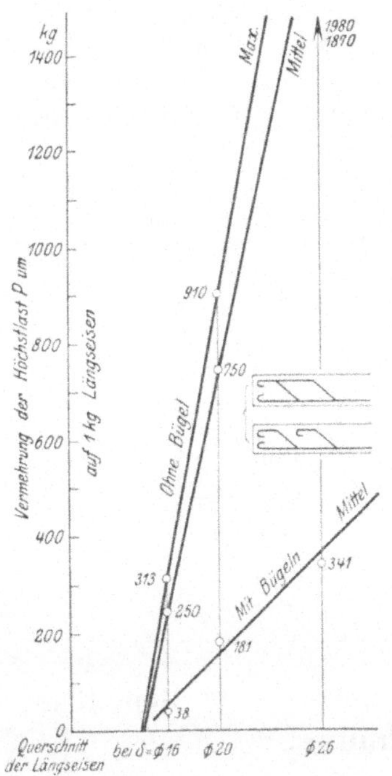

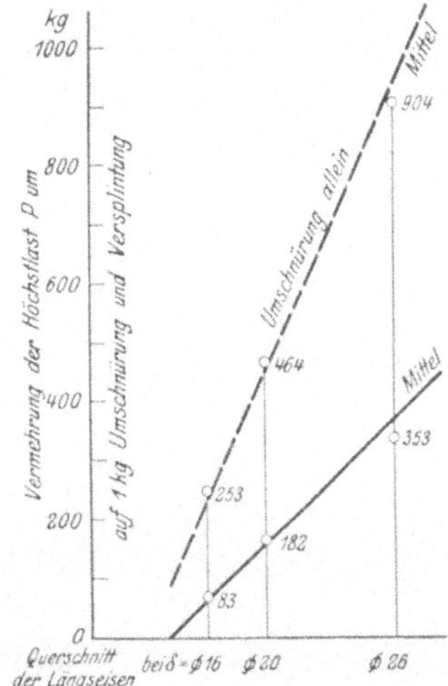

Abb. 136. Vermehrung der Tragkraft durch die größere Länge der aufgebogenen Längseisen bei verschiedener Dicke der Längseisen sowie beim Fehlen und Vorhandensein von Bügeln.

Abb. 137. Vermehrung der Tragkraft durch Kopfumschnürung bei verschiedener Dicke der Längseisen.

wandes an Längseisen ungefähr mit dem Quadrat der verwendeten Eisendicken wächst, und daß der Nutzen bei den Balken ohne Bügel etwa 5 mal größer als bei jenen mit Bügeln ist (vergleiche den Wert der Bügel in Abb. 129).

Berechnet man die Steigerungen der mittleren Höchstlasten der Balken mit Umschnürung gegen die geringsten Höchstlasten der Balken mit gleicher Längsbewehrung ohne Umschnürung, so erhält man auf 1 kg Umschnürungs- und Versplintungsgewicht die aus der Abb. 137 ersichtlichen Beziehungen. Die gestrichelte Linie stellt die Steigerungen auf 1 kg Umschnürungseisen allein dar, wenn die Versplintung nicht mitberücksichtigt würde. Die wagerechten Abszissen stellen die Einzelquerschnitte der Längseisen von 16, 20 und 26 mm Dicke dar. Es ergibt sich wieder die bemerkenswerte Tatsache, daß der mittlere Wert der Umschnürung mit dem Quadrat der Dicken der Längseisen von einer Mindestdicke an (welcher bei den untersuchten Balken bei etwa $\delta = 13$ mm liegt) wächst (vgl. die Abb. 129 und 136).

Werden die an Balken gewonnenen Ergebnisse über die Wirkung der Haken, Splinte und Umschnürungen mit den Ergebnissen beim unmittelbaren Trennungs- (Zug-) Versuch (Tabelle 4 und Abb. 35) verglichen, so ergeben sich bemerkenswerte Analogien. In beiden Beanspruchungen gelangt die Wirkung der Verankerungen zu umso stärkerem Ausdruck, je dicker die Eisen sind und vermindert sich mit abnehmendem Eisendurchmesser. Absolut erweisen sich alle Verankerungen beim unmittelbaren Zugversuch, was die erreichte Höchstspannung im Eisen anbetrifft, als weniger widerstandsfähig als in den Balken. Zu einem Teil möge die geringere Betongüte der Ankerprobekörper diese Tatsache erklären (Druckfestigkeit 180 gegen 250 kg/qcm). Zum anderen Teil, so wird man schließen können, ist die Überlegenheit der Balkenverankerung gegen die Probekörperverankerung in einem bis zum Bruch wirksamen Reibungswiderstand gegen das Verschieben der Eisenstäbe im Beton bzw. in einer größeren Einbettungslänge begründet. Dieser tritt bei den dickeren Eisen sowie bei den Haken ohne Umschnürung stärker in Erscheinung (vgl. Tab. 24).

Tabelle 24.

Wirkung der Hakeneisen in den Ankerkörpern und Balken.

Hakeneisen Dicke in mm	Umschnürung	Eisenhöchstspannung σ_e im		Unterschied in %
		Ankerkörper	Balken	
Ø 32	ohne	760	.	
	mit	1820	2420	+ 25
Ø 26	ohne	770	1730	+ 55
	mit	1850	2750	+ 33
Ø 20	ohne	1550	2890	+ 46
	mit	3060	3230	+ 5
Ø 16	ohne	2570	3230	+ 20
	mit	4040	3590	− 12

e) Wissenschaftlicher Wert und praktische Bedeutung der Verbundrechnung.

Die Stärke des Verbundes hat sich nach den vorangehenden Darlegungen abhängig erwiesen von der Widerstandsfähigkeit der Endverankerung, von der Dicke der Längseisen und von den Bügeln. Hiezu kommt selbstverständlich die Güte des Betons. Diesen Einflüssen wird und kann bei der Ermittlung der Größe der Verbundziffern nur teilweise Rechnung getragen werden. Die theoretische Unsicherheit wird noch wesentlich vermehrt durch die Annahmen über die Haftlänge. Die Größe des rechnerischen Gleitwiderstandes beim Balken wächst (ähnlich wie beim Zugversuch) mit der Verringerung des Lastabstandes a vom Auflager (Heft 72—74 der Mitteilungen über Forschungsarbeiten); so ist z. B.

$$\text{bei } a = 25 \text{ cm } \tau_1 = 35{,}7 \text{ kg/qcm}$$
$$\text{bei } a = 50 \text{ cm } \tau_1 = 22{,}9 \quad \text{,,}$$
$$\text{bei } a = 75 \text{ cm } \tau_1 = 21{,}7 \quad \text{,,}$$

In manchen Fällen ergeben sich unwahrscheinliche Resultate. Eine zutreffende Verbundberechnung müßte einerseits die Kenntnis der für den Gleit-

oder Reibungswiderstand der Eisen in Betracht kommenden Länge und
dessen Größe, andererseits die von Dicke und Form der Eisen sowie von
der umhüllenden Betonmasse oder der Umschnürung abhängige Wider-
standskraft der Haken, ferner die von den Bügeln aufgenommenen
Kräfte und die damit verbundene Entlastung der Eisenenden, weiter
die Kenntnis des Einflusses der Belastungsart usw. voraussetzen. Der
wissenschaftliche Wert, d. h. die Übereinstimmung mit den tatsächlichen Verhältrissen,
kann daher nach keinem der üblichen Rechenverfahren erheblich sein.

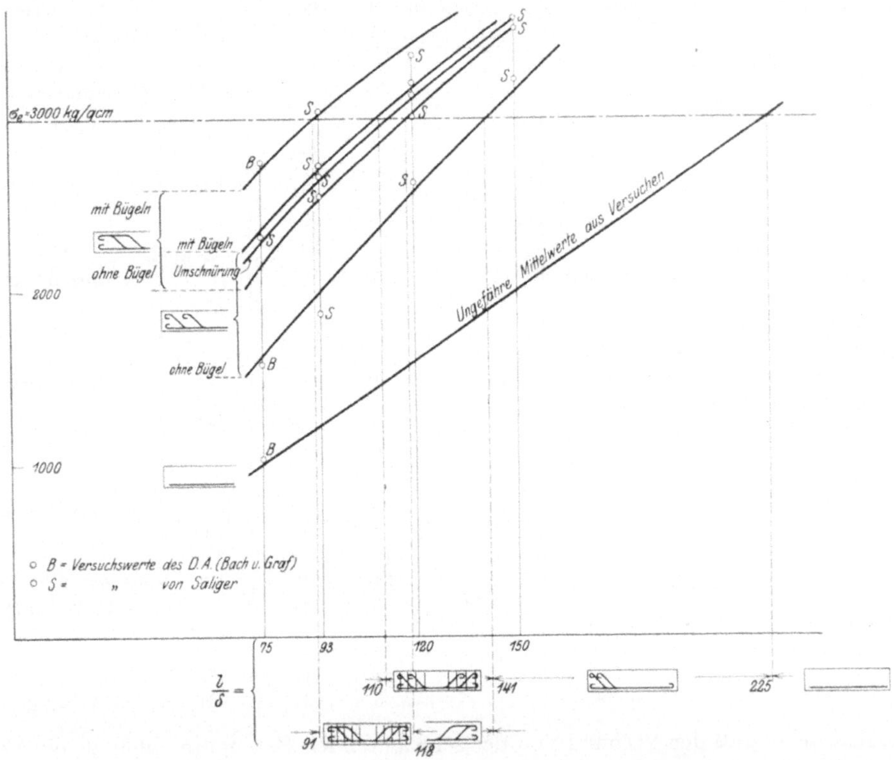

Abb. 138. In Versuchsbalken erreichte Eisenspannungen verschiedener Bewehrungen und die
daraus abgeleitete Verbundsicherheit bei σ_e = 3000 kg/qcm.

Bei der nach unserm gegenwärtigen Erkenntnisstand gegebenen Unmöglich-
keit, eine richtige Theorie des Verbundes aufzustellen, und bei der hervorragenden
Wichtigkeit der Verbundsicherheit muß die Frage nach einer empirischen Me-
thode gestellt werden.

Aus dem vorliegenden Versuchsmaterial ergeben sich in dem Verhältnis

$$v = \frac{1}{\delta} \frac{\sigma_{sm}}{\sigma_e}$$

einfache und gesetzmäßigere Ziffern als sie die Gleitwiderstände u. dgl. geben. Hierin
bedeutet σ_{sm} die zu erreichende höchste Eisenbeanspruchung, welche für Flußeisen
mit 3000, für Stahl mit 4000—8000 kg/qcm angenommen werden kann. Die Werte v
stellen dann jene Verhältnisse 1 : δ dar, für welche der Verbund diese höchste Ausnutzung der Längseisen zuläßt (Tab. 25 und Abb. 138).

Erachtet man die Übertragung von an Laboratoriumsversuchen gewonnenen
Verhältnissen auf größere Tragwerke für zulässig und nimmt man mit Rücksicht auf

Tabelle 25.

Aus Versuchen entnommene Verhältnisse $1 : \delta$, für welche bis $\sigma_e = 3000\,\text{kg/qcm}$ Verbundsicherheit herrscht.

Bewehrung	Autor	$\dfrac{1}{\delta}$	Mittelwert $\dfrac{1}{\delta}$	Anmerkung
I. Ohne Bügel				
a) gerade Eisen ohne Haken . .	D. A. Reihe 1	225	} 200	2 Einzellasten
	„ „ 51	191		gleichm. vert. Last
b) gerade Eisen mit Haken . .	„ „ 7	141	} 150	2 Einzellasten
	„ „ 53	< 175		gleichm. vert. Last
c) gerade und aufgebogene Eisen mit Haken	„ „ 47	113		2 Einzellasten
	„ „ 38	121		„
	„ „ 42	143	135	„
	Saliger, Nr. 3	159		„
	„ „ 9	125		„
	„ „ 15	140		„
d) dsgl., alle Stäbe bis Balkenende	„ „ 7	107		2 Einzellasten
	„ „ 13	114	} 115	„
	„ „ 19	< 129		„
II. Umschnürung der Haken				
a) gerade Eisen mit Haken . .	Saliger, Nr. 1	112		2 Einzellasten
b) gerade und aufgebogene Eisen mit Haken	„ „ 4	100	} 110	„
	„ „ 10	111		„
III. Mit Bügeln			je nach Bügelstärke	
a) gerade Eisen mit Haken . .	D. A. Reihe 10	117		2 Einzellasten
	„ „ 8	98	90	„
	„ „ 15	83	bis	„
	„ „ 54	99	120	gleichm. vert. Last
	Saliger, Nr. 2	< 91		2 Einzellasten
b) gerade und aufgebogene Eisen mit Haken	„ „ 5	97	90	„
	„ „ 11	111	bis	„
c) dsgl., alle Stäbe bis Balkenende	„ „ 8	< 91	110	„

die Tatsache, daß der Verbund von der schwankenden Betongüte abhängt, die Verbundsicherheit $1\tfrac{1}{3}$ mal höher an als den von der Eisenfestigkeit abhängigen Sicherheitsgrad (für diesen 3, für den Verbund 4), so ergeben sich aus den Versuchen (Abb. 138) die einfachen und hinreichenden genauen Regeln für die größtzulässigen Eisenstärken (mit 1 in m und δ in mm, s. a. Abb. 139):

    I. Gerade Eisen ohne Haken, ohne Bügel . . . . . . $\delta = 3{,}5\,1$

      Gerade Eisen mit Haken ohne Bügel . . . . $\delta = 4$ bis $5\,1$

      Gerade und aufgebogene Eisen mit Haken, ohne Bügel . . . . $\delta = $ bis $5{,}5\,1$

      Dsgl., sämtliche Eisen bis Balkenende . . . . $\delta = $ bis $6{,}5\,1$

    II. Gerade oder aufgebogene Eisen mit Haken und mit Kopfumschnürung . . . . $\delta = $ bis $7\,1$

   III. Gerade und aufgebogene Eisen mit Haken und mit Bügeln, je nach Bügelstärke . . . . $\delta = $ bis $7\,1$

      Dsgl., alle Stäbe bis Balkenende . . . . $\delta = $ bis $8\,1$.

Aus dieser Zusammenstellung und aus Abb. 139 ist ersichtlich, daß bei größeren oder schwerer belasteten Bauteilen, welche stets mit Bügeln, Schräg- und Hakeneisen bewehrt werden, verhältnismäßig dicke Eisen ohne Gefährdung des Verbundes noch zulässig sind. In den meisten Fällen muß die Eisenstärke mit Rücksicht auf die durch die Querkräfte bedingte Verteilung der Schrägeisen und aus Ausführungsgründen schwächer gewählt werden, als im Interesse der Verbundsicherheit nach den obigen Beziehungen noch angängig wäre. Daraus folgt, daß für die hinsichtlich der Schrägkräfte einwandfrei konstruierende Praxis ein ziffernmäßiger Nachweis des Verbundes entfallen kann, insolange die angegebenen Regeln eingehalten werden.

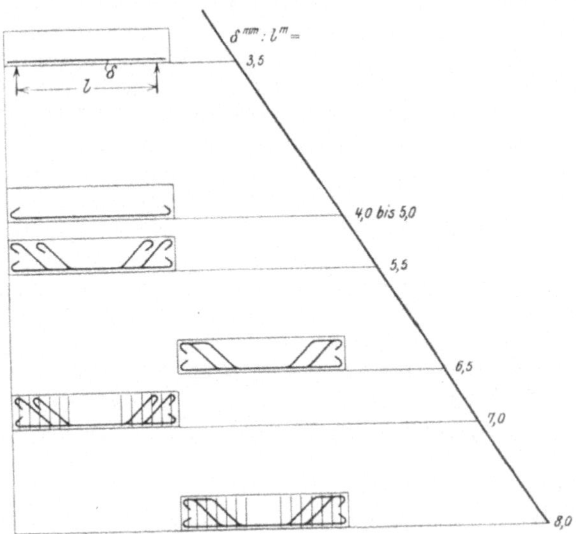

Abb. 139. Verhältnisse δmm : lm bei verschiedenen Eisenbewehrungen mit voller Verbundsicherheit.

Für hinsichtlich der Normal- und Schrägkräfte nicht richtig gebaute Balken vermag auch der Nachweis genügenden Verbundes keine Besserung zu erzielen. Im Hinblick auf das durch Versuche gedeckte Gebiet empfiehlt es sich, die Eisendicken auch in den größten und schwerstbelasteten Tragwerken nicht größer als höchstens 40—50 mm zu wählen, sofern die Anschlüsse und Anker nicht in der im Eisenbau üblichen Weise ausgebildet werden.

Tatsächlich zeigt die Erfahrung, daß nennenswerte Mängel, die auf den Verbund zurückzuführen sind, nur sehr selten vorkommen. Das ist beim Wesen des Verbundes, der ja überhaupt erst bei stärkeren Rißbildungen nennenswert beansprucht wird, verständlich. Wo nicht ungenügende Betongüte schuld ist, liegt bei auftretenden Schäden meist fehlerhafte Schubbewehrung vor, die sehr häufig vorkommt (vgl. Abb. 120). Aus der Zusammenstellung ist auch ersichtlich, wann die Anordnung von Haken geboten ist, und bei welchen Längsbewehrungen die Bügel für die Verbundsicherheit von Bedeutung sind.

15. Zusammenfassung.

1. Die Tragfähigkeit der Balken ist begrenzt durch den Widerstand der Zugzone. Dieser reicht in der Regel nicht wesentlich über die Streckgrenze des Eisens; für die Beurteilung zuverlässiger Tragfäkigkeit und Sicherheit ist daher die Streckgrenze des Eisens — nicht dessen Zugfestigkeit — maßgebend. Liegen

die Eisen in mehreren Lagen übereinander, so ist die Schwerpunktsspannung inbetracht zu ziehen (Abb. 99).

2. Volle Ausnutzung des Zugwiderstandes ist nur möglich, wenn der Balken hinreichenden Verbund und Schubwiderstand besitzt; dieser hängt ab von der Festigkeit des Betons und wird wesentlich erhöht durch Schrägeisen und Bügel. (Abb. 93—96).

3. Durch Schrägeisen allein ist die Erzielung ausreichenden Schubwiderstandes möglich. Die Wirkung der Schrägeisen ist jener der Diagonalen im Fachwerk ähnlich; am besten sind Schrägeisen unter 45°, deren Abstände in der Richtung der Balkenachse kleiner als der doppelte Hebelsarm der Druck- und Zugkraft sind. (Abb. 120). Ihr Querschnitt reicht stets aus, wenn er 70 % von jenem der Längseisen beträgt.

4. Bei ausreichender Schrägbewehrung vermehren Bügel den Verbund und damit die Tragkraft; die Zunahme wächst gesetzmäßig mit der Dicke der Längseisen (Abb. 129). Die Wirkung der Bügel beruht auf der Aufnahme von Zugkräften, ähnlich wie in den Lotrechten des Ständerfachwerkes; sie ist um so stärker, je unvollkommener die anderen Vorkehrungen für Schubwiderstand und Verbund sind.

5. Der Verbund wächst mit abnehmendem Eisendurchmesser, mit der Stärke der Endverankerung und der Querbewehrung (Bügel). Beim Fehlen von Haken oder anderen Vorkehrungen löst sich der Verbund durch Überwindung des Gleitwiderstandes. Haken, Versplintung und Umschnürung der Balkenköpfe sichern den Verbund auch nach Überwindung des Gleitwiderstandes. Die Wirkung der Umschnürung wächst mit der Dicke der Längseisen (Abb. 137); Versplintung ist nur bei sehr dicken Eisen wertvoll. Balken, deren aufgebogene Eisen sämtlich bis an die Auflager reichen, sind gegen jene im Vorteil, deren Bewehrung z. T. vor den Auflagern endet (Abb. 136). Im allgemeinen sind die einfachen Bewehrungsarten den weniger einfachen statisch und hinsichtlich des Eisenaufwandes überlegen (Tab. 14).

6. Der Verbund in hinsichtlich der Schrägkräfte richtig gebauten Balken mit Schräg- und Hakeneisen und Bügeln ist gesichert, wenn $\delta = 0,006$ bis $0,008\,l$ nicht überschreitet (Abb. 139). Der Nachweis von Haft- und Gleitspannungen ist wissenschaftlich haltlos und praktisch entbehrlich.